# Schatzkammer der Paläontologie

Christa Behnke
Heinz Eikamp
Michael Zollweg

# Die Grube Messel

Paläontologische Schatzkammer
und unersetzliches Archiv
für die Geschichte des Lebens
Geologie, Bergbaugeschichte, Fossilien

Rekonstruktionszeichnungen:
Georg Stelzner

Goldschneck-Verlag
Werner K. Weidert
Korb

Mit 13 Zeichnungen und Tabellen, 59 Farbfotos und 75 Schwarz-weiß-Fotos.

Umschlaggestaltung Edgar Dambacher. Das Bild auf der Einband-vorderseite zeigt *Eopelobates*, einen 20 cm großen Frosch mit Laich, gefunden in der Grube Messel. Die Einbandrückseite zeigt Ölschiefer im Anstehenden.

Vorsatz: Luftaufnahme der Grube Messel aus dem Jahre 1984. Freigegeben vom Regierungspräsidenten Darmstadt unter der Nr. 2141/84. Aufnahme: H. J. Heuser.

Die abgebildeten Fossilien stammen aus Privatsammlungen und Museen, wobei in erster Linie die Landessammlungen für Natur-kunde Karlsruhe (Museum am Friedrichsplatz) und das Institut Royal des Sciences Naturelles de Belgique, Brüssel, zu nennen sind.

CIP-Kurztitelaufnahme der Deutschen Bibliothek

**Behnke, Christa:**
Die Grube Messel : paläontolog. Schatzkammer u.
unersetzl. Archiv für d. Geschichte d. Lebens ;
Geologie, Bergbaugeschichte, Fossilien / Christa
Behnke ; Heinz Eikamp ; Michael Zollweg. — Korb :
Goldschneck-Verlag Weidert, 1986.
    ISBN 3-926129-00-X
NE: Eikamp, Heinz ; Zollweg, Michael:

Repros: Offsetreproduktion Gerold Schmid, Stuttgart
Gesamtherstellung: Johannes Illig, Göppingen

Printed in Germany / Imprimé en Allemagne

ISBN 3-926129-00-X

# Die Grube Messel

# Geologische Zeittafel

| Ära | Subära | | Stufen | | in Millionen Jahren Dauer | vor heute |
|---|---|---|---|---|---|---|
| | Quartär | | | | 1,8 | 0,01 / 1,8 |
| KÄNOZOIKUM | NEOGEN ( – Jungtertiär – ) | PLIOZÄN | ob. | Asti / Piacenza | 5 | |
| | | | unt. | Tabiano | | |
| | | MIOZÄN | ob. | Messiniano / Torton | 22,5 | |
| | | | mi. | Serravall / Langh | | 63,2 |
| | | | unt. | Burdigal / Aquitan | | |
| | PALÄOGEN ( – Alttertiär – ) / Tertiär | OLIGOZÄN | ob. | Chatt | 37,5 | |
| | | | mi. | Rupel | | |
| | | | unt. | Latdorf | | |
| | | EOZÄN | ob. | Priabon | | |
| | | | mi. | Barton | | |
| | | | | Lutet | 'Messeler Schichten' | 50,0 |
| | | | unt. | Ypres | 53,5 | |
| | | PALÄOZÄN | ob. | Thanet | | |
| | | | unt. | Mont / Dan | | 65 |
| MESOZOIKUM | Kreide | | | | 75,0 | 140 |
| | Jura | | | | 55,0 | 195 |
| | Trias | | | | 30,0 | 225 |
| PALÄOZOIKUM | Perm | | | | 60,0 | 285 |
| | Karbon | | | | 65,0 | 350 |
| | Devon | | | | 55,0 | 405 |
| | Silur | | | | 35,0 | 440 |
| | Ordovizium | | | | 60,0 | 500 |
| | Kambrium | | | | 70,0 | 570 |
| | PROTEROZOIKUM | | | | (unmaßstäblich) | |
| | AZOIKUM | | | | | 4500 |

NAOM e.V. (E l X o W D)

# Vorwort

Die Grube Messel, das ist ein Begriff, der bei jedem paläontologisch Interessierten das Herz schneller schlagen läßt. Es ist aber auch der Name für ein Konfliktfeld zwischen den Zwängen einer modernen Industriegesellschaft und dem kulturellen Auftrag der Wissenschaft. Nicht umsonst ist die Zahl der Stellungnahmen in Presse, Rundfunk und Fernsehen zum Problem Messel Legion. Dabei sind die Fossilien selbst, die die Grube Messel zu einer, ja zu der bedeutendsten Fossilfundstelle in der Welt gemacht haben, ein bißchen sehr ins Hintertreffen geraten. Es gibt zwar eine Vielzahl wissenschaftlicher Veröffentlichungen, aber, von wenigen Broschüren und Merkblättern abgesehen, bisher noch keine umfassende populäre, d. h. im besten Sinne allgemeinverständliche Darstellung der eozänen Pflanzen und Tiere von Messel. Sie bietet das vorliegende Buch. Es ist keine wissenschaftliche Darstellung, es sei denn insofern, als es exakte Forschungsergebnisse mitteilt. Was wir, die Autoren, dem paläontologisch interessierten Laien vor allem vermitteln wollen, das ist eine Vorstellung von der Schönheit und Aussagekraft der Messeler Fossilien.

Ermöglicht wurde »unser Messel-Buch« durch vielseitige Unterstützung sowohl aus Kreisen der Wissenschaft, als auch von seiten der Amateure. Ihnen allen danken wir an dieser Stelle für selbstlose Mithilfe und Unterstützung, Anregungen und Informationen. Unser besonderer Dank gilt Herrn Professor Dr. S. Rietschel, Direktor der Landessammlungen für Naturkunde in Karlsruhe, Herrn Dr. Elmar P. J. Heizmann und Herrn Dr. Rupert Wild, beide vom Staatlichen Museum für Naturkunde in Stuttgart, für die kritische Durchsicht des Manuskripts, Herrn Dr. F. Schaarschmidt vom Senckenbergmuseum in Frankfurt am Main für die Ausstattung des Kapitels über die Flora von Messel (in

Schrift und Bild) sowie Herrn G. Stelzner für die schwierigen Rekonstruktionszeichnungen und Grafiken. Unser Dank gilt ebenso Herrn Dr. P. Sartenaer vom Institut Royal des Sciences Naturelles de Belgique in Brüssel sowie Mitarbeitern der NAOM e.V., namentlich G. Arnold, A. Behnke, Karsten und Marianne Gabriel, N. Schiller, G. Stolle, W. Trinkaus und W. Winter für ihre konstruktive Unterstützung. Dank gebührt auch Herrn Bergingenieur Vogel vom ZAS, Darmstadt, und Herrn Mössle für das liebenswürdigerweise zur Verfügung gestellte Bildmaterial sowie der YTONG AG für ihre langjährige und zuvorkommende Unterstützung aller Grabungsteams. Zu danken ist Herrn H. Hauser für die Beratung bei den Foto-Laborarbeiten. Neben Frau I. Feist, Herrn Dr. Jores und Herrn K. A. Frickhinger, die uns erlaubten, Fotos aus ihren Sammlungen in unserem Buch zu veröffentlichen, sei abschließend all jenen Ungenannten unser besonderer Dank ausgesprochen, die uns selbstlos die Möglichkeit gaben, unser Buch mit Bildmaterial von ihren vielfach selbstgesammelten Messelfossilien auszustatten.

*Christa Behnke*
*Heinz Eikamp*
*Michael Zollweg*

Krokodil *Diplocynodon darwini*, 110 cm.

# Spannungsfeld
# Grube Messel

## Messelreminiszenzen

Ursprünglich war es nur ein Name, der in den Urkunden erstmals 1105 als Herrenhof »stehelin mesela« im Lorscher Codex auftauchte. Ehrwürdig aber ohne große Bedeutung. Inzwischen ist MESSEL zu einem Begriff, für manche auch zu einem Reizwort geworden. Der Tagebau auf Ölschiefer begann vor ca. 100 Jahren eine Senke im Messeler Wald auszuräumen. Er ließ ein kleines Industriewerk entstehen und gab drei Generationen Arbeit und Verdienst. Das Wirtschaftswunder der 50er Jahre und Deutschlands neue Öffnung für den Welthandel machten, neben vielen anderen Betrieben des »Notzeitbergbaues«, auch die Grube Messel unrentabel. Auf einer Fläche von ca. 500 × 800 m blieb ein bis zu 70 m tiefes Loch in der Landschaft, das sich im Zentrum mit einem See füllte und verwilderte.

Im Jahre 1955, als ich die Grube zum ersten Male besuchte – per Fahrrad von Frankfurt aus, mit den Consemestern Fuchs und Haas –, war sie noch in Betrieb. Eine Sondererlaubnis erwirkte den Zutritt: Wir durften im Auftrag des Paläobotanikers Prof. Dr. Richard KRÄUSEL fossile Blätter sammeln. Die schillernden Insektenreste des Ölschiefers und die Reste einer *Amia* mußten wir im Betriebsgebäude abliefern. Sie waren für das Hessische Landesmuseum in Darmstadt bestimmt, das seit den 20er Jahren die alleinigen Grabungsrechte in Messel besaß. In der paläontologischen Wissenschaft spielte die Grube mit ihren Fossilfunden nur eine randliche Rolle, verblaßte neben dem berühmten Geiseltal bei Halle/Saale. Der von uns Frankfurtern hochverehrte Prof. Dr. Karl KREJCI-GRAF besprach in seinen Geochemie-Vorlesungen die Ölschiefer von Messel als Dygyttja. Er erläuterte auch die Absurdität des Namens: Diese Ölschiefer enthalten kein Öl (sondern Bitumen) und sind nicht geschiefert, d. h. keine Schiefer.

Die erste Exkursion nach Messel zeigte uns auch, wie vergänglich die Schätze der Grube sind, werden sie nicht sofort sachgemäß behandelt und verwahrt. Wenige Stunden — an der Sonne sogar nur wenige Minuten — des Austrocknens lassen die im Ölschiefer enthaltenen Fossilien zerfallen, Gestein und Fossil beginnen zu zerreißen und zerkrümeln. Mit Glycerin, Paraffin, Petroleum versuchte man früher, diesem Prozeß der Zerstörung Einhalt zu gebieten, doch brachten alle gängigen Konservierungsmethoden keine dauerhaft befriedigenden Ergebnisse. Davon legen im Hessischen Landesmuseum Darmstadt, im Senckenbergmuseum Frankfurt und in anderen Museen aufbewahrte alte Messelfunde der 20er und 30er Jahre in trauriger Weise Zeugnis ab. Nur die in Kreidewachs umgebetteten Knochenfunde ließen sich ohne Schäden konservieren.

Mitte der 50er Jahre las als Gastdozent in Frankfurt der Berliner Paläontologe Prof. Dr. W. G. KÜHNE, ein ungewöhnlicher, genialer Forscher und unkonventioneller Universitätslehrer. Er hatte früh die Möglichkeiten der Kunstharztechniken für die Paläontologie erkannt. Er bettete u.a. Solnhofener Fossilien in Kunstharz ein und löste das Muttergestein mit Essigsäure weg. Auch auf Messeler Fische wandte er vergleichbare Methoden an, bei denen die Knochen durch eindringendes Kunstharz gefestigt und der feuchte, das Kunstharz abweisende Ölschiefer nicht gehärtet wurde. So wurde es erstmals möglich, Wirbeltierfossilien von Messel dauerhaft haltbar zu machen und in natürlicher Lage auf Kunstharz zu präparieren. Die Haltbarkeit dieser nach der »Transfermethode« konservierten Messelfossilien ist nur noch von der Beständigkeit des verwendeten Kunstharzes — Polyester- oder Epoxidharz — abhängig. Prof. KÜHNE entwickelte die Transfermethode als die Grube Messel noch in Betrieb war. Mit Stillegung des Abbaubetriebes (1971) begannen Hobbypaläontologen, sich im gesperrten Grubengelände umzusehen und dort nach Fossilien zu graben. Nach gut 50 Jahren maschinellem Abbau hielt in der Grube wieder die Handarbeit Einzug! Die Hobbypaläontologen machten bald gute Funde, und sie waren es auch, die konsequent die Transfermethode auf Messel-

Rechts: Unbestimmter Pflanzenrest; ca. 3 cm.

Links: Zweig einer unbestimmten Pflanze mit Blättern und Früchten; Länge ca. 15 cm.

fossilien anwandten und weiterentwickelten. Da der Zutritt zum Grubengelände verboten und dieses bewacht war, blieb der Kreis der dort illegal grabenden »Amateure« klein. Manche packte wohl ein regelrechtes Sammelfieber, das ihnen half, die bei den Grabungen beträchtlichen Anforderungen und Schwierigkeiten zu überwinden. Da die Amateure aus sehr unterschiedlichen Berufen kamen, brachten sie sehr unterschiedliche Kenntnisse und Beziehungen mit. In kameradschaftlicher und bisweilen auch konkurrierender Zusammenarbeit sammelten sie wertvolle Erfahrungen über die Fossilien, ihre Vorkommen in der Grube und ihre Präparation. Bedeutende Privatsammlungen entstanden. Dabei blieb der Kreis der Eingeweihten unter sich und vermied es, etwas über seine Tätigkeit und die Erfolge bekannt werden zu lassen. Vorerst unterblieb auch jeder Kontakt zu Wissenschaftlern und Instituten. Eine Wende trat erst ein, als 1972/73 die ersten Messelfossilien im Handel auftauchten und Instituten angeboten wurden. Es war die Zeit, in der allenthalben Mineralien- und Fossilienbörsen aus dem Boden wuchsen und sich neben Sammlern und Händlern eine neue Gruppe, die der grauen Händler entwickelte. Diese versuchten, mit möglichst geringem Einsatz, unter der Hand, möglichst schnell gute Gewinne zu machen. Messelfossilien boten sich hierbei als erfolgversprechende Spekulationsobjekte mit großen Gewinnspannen an.

Die Ära der Privatsammler endete, als 1974 bekannt wurde, die Grube Messel solle als Zentraldeponie für Südhessen mit Müll gefüllt werden. Sie wurde Ende 1974 für die Öffentlichkeit gesperrt. Das Eigentum am Grubengelände wurde 1975 vom Zweckverband Abfallbeseitigung Grube Messel (heute ZAS) erworben. Nun wurden Wissenschaftler mehrerer Institute aktiv, zumal der Vertrag auslief, der dem Hessischen Landesmuseum die alleinigen Grabungsrechte garantierte. Aufgrund des neuen Hessischen Denkmalschutzgesetzes wurde die Grube Messel zudem in den Bodendenkmalschutz einbezogen. Ab 1975 grub das Senckenbergmuseum in Messel. Bald erhielten auch Museen und Institute aus Dortmund, Hamburg, Karlsruhe und Brüssel Grabungsgenehmigungen durch das damals für den Denkmalschutz zuständige Hessische Kultusministe-

rium. Im Rahmen des Planfeststellungsverfahrens für die Mülldeponie hatte das Hessische Oberbergamt als zuständige Bergbehörde klare Auflagen für die Grabungen erteilt. Den bis Ende 1974 still geduldeten privaten Grabungen war ein Ende gesetzt. So stieg der Seltenheitswert von Messelfossilien im Handel, der immer mehr im Verborgenen blühte. Er wurde aus kommerziell motivierten »Schwarzgrabungen« und einigen Privatsammlungen gespeist. Zunehmend hatten bei einigen Amateuren finanzielle Gesichtspunkte das Interesse und die Freude an den Fossilien selbst verdrängt. Indem einige der »Amateure« Messelfossilien zu Spekulationsobjekten und zur Verdienstquelle machten, erschwerten sie für alle eine Zusammenarbeit mit den grabenden Instituten. Im Spannungsfeld zwischen Idealismus und Merkantilismus blieb letztlich das Vertrauen auf der Strecke.

Dabei wäre angesichts der drohenden Verfüllung mit Müll und der sich daraus ergebenden Notgrabungssituation von wissenschaftlicher Seite her der Einsatz von freiwilligen, idealistisch gesinnten und zudem kenntnisreichen Mitarbeitern von Anfang an wünschenswert gewesen. Erst durch die Naturwissenschaftliche Arbeitsgemeinschaft Obertshausen-Mosbach (NAOM), die 1977 kurze Zeit mit dem Senckenbergmuseum und ab 1980 mit den Landessammlungen für Naturkunde Karlsruhe grub, wurde ein Beispiel praktiziert, das in den 80er Jahren Schule machte. Inzwischen gibt es eine enge und fruchtbare Zusammenarbeit zwischen einigen Instituten und Amateurgruppen. Nicht unerwähnt bleiben darf auch, daß der Zweckverband Abfallverwertung Südhessen die Grabungen erleichterte und häufig durch Hilfestellungen unterstützte.

Wenn nun aus dem Kreis der Amateure heraus, weitgehend unter Federführung der NAOM, ein Fossilienbuch über Messel vorgelegt wird, so sollte dies als ein erfreulicher und auch von wissenschaftlicher Seite aus begrüßenswerter neuer Schritt in den Messel-Aktivitäten angesehen werden. Forschung und populärwissenschaftliche Vermittlung von Forschungsergebnissen gehen leider oft nicht Hand in Hand. Dabei hat die Öffentlichkeit ein Anrecht darauf zu erfahren, was derzeit in der Wissenschaft geschieht. Schließlich wird der größte Teil der Forschung in unserem

Land aus öffentlichen Geldern finanziert und den die Mittel verteilenden und zuweisenden Stellen gegenüber mit öffentlichen Interessen begründet. Insbesondere in einem Falle, wie dem der Grube Messel, bei dem allgemeine oder öffentliche Interessen aus zwei Richtungen aufeinanderstoßen, tut Aufklärung not.

In Messel stehen die praktischen Bedürfnisse der Bevölkerung hinsichtlich einer zentralen, umweltfreundlichen Müllentsorgung im Ballungszentrum des Rhein-Main-Gebietes zur Diskussion. Natürlich muß gefragt und geprüft werden, ob es heute noch das beste Verfahren ist, Müll in einem alten Tagebau wie Messel unter dem Niveau des Grundwasserspiegels zu deponieren. Aber unabhängig davon besteht auch ein — überwiegend ethisch begründeter — Wunsch nach Bewahrung einer der wichtigsten Fossilfundstellen der Welt. Nach unserem heutigen Wissen — und das ist eine Erkenntnis der letzten 15 Jahre — ist Messel hinsichtlich der Fossilerhaltung weltweit »einzigartig«. Wie so oft in der Forschung, zeigt sich auch in Messel, daß mit zunehmenden Untersuchungen und Kenntnissen die

Links: Käfer aus der Verwandtschaft der Laubkäfer; Länge ca. 3 cm.

Rechts: Unbestimmter Käfer mit besonders auffallenden Strukturfarben; Länge ca. 2 cm.

Zahl neuer wissenschaftlicher Fragestellungen zunächst wächst und nicht abnimmt, d. h. Messel erscheint heute weniger denn je ausreichend erforscht.

Betrachtet man nun das vorliegende Buch, so bringt es alle Voraussetzungen mit sich, ein volkstümliches Buch zu werden. Messel ist überall im Gespräch, wo es um Paläontologie oder um die Probleme der Müllentsorgung geht. Von Zeit zu Zeit berichten Zeitungsartikel, meist am Tagesgeschehen anknüpfend, über Messel. Trotzdem sind nur einem kleinen Kreis Eingeweihter die Schönheit und Faszination vertraut, die von Messeler Fossilien ausgehen. Messelfossilien sind ja nicht bloß »versteinerte alte Knochen«, sondern vielmehr lebensnahe Zeugnisse vorzeitlicher Tiere von hohem ästhetischem Reiz. Sie zeigen die Skelette noch überwiegend im natürlichen Zusammenhang, lassen mitunter Haut, Haare und Federn erkennen, geben selbst über den Magen- und Darminhalt noch Auskunft. Jene Sammler, die in der ersten Phase nach Still-

Singvogel mit Federerhaltung; Länge 10 cm. Daneben: Ausschnittvergrößerung der Federn des rechten Flügels.

legung des Bergbaubetriebes die überraschende Schönheit der Messelfossilien für sich entdeckten und bis heute ihre Sammlungen ängstlich hüteten, erlaubten es nun, die schönsten Funde zu fotografieren. Unbekannte Schätze kommen so ans Tageslicht. Die meisterlichen Fotos stammen von Christa Behnke, die mit ihrem Mann von Anfang an zum engeren Kreis der engagierten Messelsammler gehörte. Die Texte verfaßten Heinz Eikamp und Michael Zollweg, die ebenfalls seit vielen Jahren in und für Messel »tätig« sind. Zugleich haben es die Genannten verstanden, sich sowohl das Vertrauen ihrer früheren Mitgräber zu erhalten, als auch das von Wissenschaftlern neu zu erwerben. Sie sind heute Helfer und Mitarbeiter in den Grabungen der Institute. So ist das Buch von berufenen Laien für Laien gestaltet. Es erhebt nicht den Anspruch einer wissenschaftlichen Monografie, sondern will in anschaulicher Weise richtig über die Fossilfundstätte Messel und das Leben informieren, das am Messeler See vor 50 Millionen Jahren herrschte.

So verbinden sich aus der Sicht des Wissenschaftlers mehrere Wünsche mit dem vorliegenden Buch:

Es ist zu hoffen, daß es einer großen Zahl von Menschen die Schönheiten und Eigenheiten der Messelfauna und -flora näher bringt. Es soll auf diese Weise Verständnis für die Belange der Wissenschaft wecken und fördern sowie Anerkennung für die in den vergangenen Jahren von Amateuren und Wissenschaftlern in Messel geleistete Arbeit bringen. Weiterhin ist zu wünschen, daß es hilft, den Respekt vor den notwendigen Schutzmaßnahmen zu festigen. Mein besonderer Wunsch an das Buch ist jedoch, daß es in nachhaltiger Weise vielen Mitbürgern die Augen öffnet für die teils tragische Konfliktsituation, in der Politiker, der Zweckverband Abfallverwertung Südhessen und die Wissenschaft bei der notwendigen Interessenabwägung für die Erhaltung der Grube Messel stehen. In diesem Sinne wünsche ich dem Buche eine weite Verbreitung und viel Erfolg.

*Karlsruhe, den 17.6.1986*
*Prof. Dr. S. Rietschel*

# Vom Nebeneinander zum Miteinander

Die Grube Messel — seit der Jahrhundertwende im Rahmen unterschiedlichster industrieller und wirtschaftlicher Nutzungen bedeutsam durch den Abbau von Ölschiefer (zunächst als Rohstoffträger bei der Gewinnung von Paraffinen und Mineralölen, später als Primärenergieträger bei der Erzeugung von Dampf) — erwies sich schon bald, nachdem die Schürfrechte in die Tat umgesetzt worden waren, als bedeutende Fundstätte von Zeugnissen des Lebens aus dem Mittleren Eozän, einer rd. 50 Millionen Jahre zurückliegenden Phase in der Entwicklungsgeschichte der Erde, die man das Zeitalter der Morgenröte genannt hat. Während das 1970 im Selbstverlag der YTONG AG erschienene Werk von BEEGER »Chronik der Grube Messel« Aufschluß über die industriell-wirtschaftliche Nutzung in den Jahrzehnten vor der Einstellung des Ölschieferabbaues gibt, existieren zur Bedeutung der Grube Messel als paläontologische Fundstätte eine Fülle von Publikationen, die einen Einblick vermitteln, darunter auch das vorliegende Werk. Wenn der Rahmen eines Geleitwortes auch sicher nicht die Möglichkeiten bietet, damit zusammenhängende Fragen über solch notwendigerweise allgemein gehaltene Hinweise hinaus zu vertiefen, so wird an ihnen doch deutlich, daß hier wie in allen anderen vergleichbaren Fällen zwischen technisch-wirtschaftlicher Nutzung und wissenschaftlicher Forschung eine Art von Symbiose bestand, die etwas gewährleistete, was — man mag dies bedauern — »l'art pour l'art« nie möglich gewesen wäre: Hilfestellungen bei der Bewältigung von mit wissenschaftlicher Tätigkeit einhergehenden Problemen, die — finanziell, wie oft genug gerade in der Tagesarbeit vor Ort auch ganz pragmatisch — in ihrer Effektivität nicht deshalb gering zu schätzen waren, weil sie sich nicht in spektakulärer Weise öffentlich vollzogen. Dies galt in verstärktem Maße auch und gerade für die Jahre nach 1975.

Dieses Nebeneinander von industriell-wirtschaftlicher Nutzung und wissenschaftlicher Forschung, das in dieser Form die ersten Jahrzehnte des Tagebaues bestimmte, erhielt mit der Einstellung des Ölschieferabbaues im Jahre 1971 und den Plänen, in der Grube eine Einrichtung zur

Schädel (Ausschnittvergrößerung) der auf der rechten Seite abgebildeten 20 cm großen Landechse mit Körperschatten.

Entsorgung von rd. 1,4 Mio. Menschen im Ballungsraum Rhein-Main für ca. 40 Jahre zu schaffen, einen veränderten Akzent. Die damit verbundene Zielsetzung, die sich von Anbeginn an darum bemühte, der Wissenschaft in Anknüpfung an die Rahmenbedingungen der Vergangenheit auch für die Zukunft möglichst optimierte Konditionen der Kontinuität ihrer Arbeitsbedingungen zu sichern, trägt einem Zielkonflikt Rechnung, der im Spannungsfeld zwischen kulturellem Anspruch und zivilisatorischer Verpflichtung angesiedelt ist und eben deshalb eine darüber breit geführte öffentliche Diskussion auslöste. Hieraus sei in gebotener Kürze nur folgendes festgehalten:

1) Durch die Tatsache des Zusammenlebens von Millionen von Menschen auf engstem Raum entstehen Probleme, deren sachgerechte Lösung u.a. zu den hygienischen Grundvoraussetzungen dafür gehört, daß Leben in Strukturen möglich bleibt, wie sie sich unter den jeweils konkreten Bedingungen von Raum und Zeit entwickelt haben. Unter dieser Prämisse kann verantwortliches Handeln − zumal in einem Ballungsraum mit hohem Grundwasserangebot − nicht an einem Areal vorbeigehen, das über den signifikanten Zeitraum von 50 Millionen Jahren hinweg nicht durch nennenswerte Grundwasserfluktuationen gekennzeichnet war, da andernfalls über den im Grundwasser gelösten Sauerstoff die organische Substanz abgebaut worden wäre, die den Messeler Schiefer zum Ölschiefer macht, worauf der auf tragische Weise ums Leben gekommene

Prof. Dr. rer. nat. Norbert WOLTERS, Ordinarius an der Technischen Hochschule Darmstadt, mit großem Nachdruck hingewiesen hat; sein engagiertes Eintreten für die Belange des Natur- und Gewässerschutzes in der Öffentlichkeit ist unvergessen.

2) Der durch den Tagebau geschaffene Zustand hoher Geländeinstabilität verlangt Maßnahmen zur Stabilisierung. In Anbetracht der Tatsache, daß das Weichgestein Ölschiefer nur über geringe Kräfte des inneren Zusammenhalts verfügt (der Winkel der inneren Reibung des Materials als Parameter für die Böschungsstandfestigkeit stellt sich nach neuesten Erkenntnissen auf Dauer erst bei dem extrem niedrigen Wert von knapp 30° ein), scheidet eine Böschungsabflachung wegen der damit verbundenen Erweiterung im oberen Trichter-Durchmesser um ein Vielfaches aus. Da eine Verankerung der Grubenwände — abgesehen von den ins Immense gehenden Kosten — nur um den Preis möglich wäre, sie mit einer das darunter liegende Material endgültig zudeckenden, aushärtenden Beschichtung (etwa aus Beton) zu überziehen, bleibt als Methode einer zeitlich möglichst langen Offenhaltung und damit Zugänglichkeit für die Paläontologie nur die allmähliche Verfüllung übrig.

Die Erkenntnis aus diesen sowie einer Fülle weiterer Fakten, deren Darlegung den Rahmen eines Geleitwortes bei weitem sprengen würde, führte zu der zum großen Teil umgesetzten Planfeststellung, in deren Rahmen Forderungen der Wissenschaft entsprochen wurde, wie sie in dem annähernd 80stündigen Erörterungstermin im Oktober 1979 vorgetragen worden sind. Die daraufhin veränderte Planung wie die diese aufgreifende Planfeststellung sehen vor, das geregelte Nebeneinander der Vergangenheit in ein institutionalisiertes Miteinander der Zukunft überzuleiten. Dies ist im Interesse der Sache dringend zu wünschen.

*Im Juni 1986*

*Für die Geschäftsführung*
*des Zweckverbandes*
*Abfallverwertung Südhessen*
*Hans-Georg Koch, Assessor*

## Am Beispiel Messel

In unmittelbarer Nähe der kleinen Gemeinde Messel im Landkreis Darmstadt-Dieburg wurde von 1885 bis 1971 im Tagebau Ölschiefer gefördert. Durch den Abbau entstand eine Grube von ca. 1 km Länge, 700 m Breite und 60 m Tiefe: die heute weltberühmte Grube Messel! Sie zählt zu den wissenschaftlich wertvollsten und ergiebigsten paläontologischen Fundstätten der Erde, denn in dünne Schieferlagen eingebettet findet sich hier die Tier- und Pflanzenwelt einer vor 50 Mio. Jahren versunkenen tropisch-subtropischen Urwaldlandschaft. Aber noch aus einem anderen Grunde ist die Grube Messel in den letzten Jahren in den Mittelpunkt des öffentlichen Interesses geraten: Seit Anfang der siebziger Jahre wird nämlich der Plan verfolgt, die Fossilienfundstätte mit Abfällen zu verfüllen.

Bis zum Jahre 1984 war die geplante Großdeponie für die Hessische Landesregierung ein wesentlicher Bestandteil der »abfallentsorgungspolitischen Konzeption für das Rhein-Main-Gebiet«. Die Planung dieser Deponie war aus damaliger Sicht eine durchaus übliche Standardmethode.

Panzer der Schildkröte *Palaeochelys*, freitragend präpariert; Länge 29 cm.

Zum einen deponierte man Abfälle vorzugsweise in Gruben und zum anderen löste man die Mülldeponien von den Kommunen ab und plante statt dessen zentrale Deponien für Kreise und kreisfreie Städte. Folge war die Planung einer Zentraldeponie in der Grube Messel, deren Einzugsbereich die Stadt Darmstadt, der Landkreis Darmstadt-Dieburg, Offenbach und Frankfurt mit Umland sein sollte. Um das Projekt zu realisieren, wurde im Jahre 1974 ein Zweckverband gegründet, der zunächst die Grube für 10 Mio. DM kaufte und dann im Jahre 1977 das Planfeststellungsverfahren einleitete. In diesem Verfahren sollte eine umfassende Prüfung aller von dem Vorhaben berührten Belange vorgenommen werden.

Trotz der seit Jahren andauernden Auseinandersetzung der Deponiegegner mit den Planern, mit den Gerichten und den Politikern, wurden die Argumente der Bürgerinitiative nicht ernst genommen. Obwohl die von ihnen vorgelegten Gutachten mögliche Fehlplanungen und Planungsdefizite aufzeigten, wurden diese von den Verantwortlichen weder geprüft noch berücksichtigt. Ebenso erging es den Wissenschaftlern aus aller Welt, die auf diese geplante »Kulturschande ersten Ranges« reagierten. Resolutionen und Briefe wurden an die verantwortlichen Politiker in Hessen geschickt. Aber auch Presseäußerungen, Tagungen und Konferenzen, die sich mit dem Thema befaßten, konnten keine entscheidende Wende erwirken. 1981 erging der Planfeststellungsbeschluß. Die Folge war eine spürbare Resignation der Deponiegegner und ein nachlassender Widerstand gegen dieses Projekt. Später schärften Giftmüllskandale und wissenschaftliche Untersuchungen über die »ökologischen Zeitbomben« auf vielen Mülldeponien aufs neue die Aufmerksamkeit vieler Bürger und Politiker für die Risiken bei der Abfallbeseitigung.

Geänderte Mehrheiten in der Hessischen Landesregierung brachten der Grube Messel im Jahre 1984 einen Baustopp, den das Gericht auf eine Klage hin wieder aufheben mußte. Erst das gemeinsame Vorgehen der rot-grünen Koalition im Landkreis Darmstadt-Dieburg gegen die inzwischen fast fertiggestellte Deponie, warf erneut die alten Besorgnisse gegenüber dieser Deponieplanung auf. Sollte die Deponie Grube Messel die Altlast von morgen werden? Die sichtbar gewordenen Folgen bisheriger Deponietechnik und Organisation der Beseitigungsmethode und die verstärkt zunehmende Kontamination des Grundwassers aus undichten oder mangelhaft geführten Deponien forderte jetzt alle verantwortungsbewußten Politiker zum Umdenken und Umplanen auf.

Mit Verabschiedung des neuen Hessischen Abfallgesetzes Ende des Jahres 1985 war klar: Wenn die zukünftige Abfallwirtschaft die gesetzten Ziele erreichen und die Erwartungen erfüllen soll, verlangt dies auch neue Strukturen im öffentlichen und privaten Bereich. Eine umweltschonende und integrale Abfallwirtschaft verlangt eine neue Weichenstellung auch auf Kreis- und Gemeindeebene, damit die bisherigen Organisationsformen den neuen Anforderungen angepaßt werden können. Dazu zählt selbstverständlich auch die neue Weichenstellung bei der Planung und Einrichtung von Abfall-Beseitigungsanlagen. Zentrale Großdeponien bringen nicht nur eine unzumutbare regionale Belastung mit sich, sie sind auch, bedingt durch hohe Investitionen, betriebswirtschaftlich zu teuer, volkswirtschaftlich unkalkulierbar und widersprechen den Grundsätzen einer neuen Abfallpolitik, die sich am Umweltschutz und der Rohstoffschonung orientieren muß.

Am Beispiel der Grube Messel, die über 30 Jahre insgesamt ca. 25 Mio. m³ Müll aufnehmen muß, läßt sich hervorragend aufzeigen, wie zukünftig nicht mehr geplant werden darf. Der Standort der Grube Messel befindet sich in einem

*Macrocranion*, ein Insektenfresser, mit Hautschatten; Länge 27 cm. Links Ausschnittvergrößerung des Kopfes.

Barsch *Amphiperca multiformis;* Länge 18 cm.

typischen Pendler-Wohngebiet mit hohem Verkehrsaufkommen; nach Inbetriebnahme der Deponie ist zusätzlich im 2-Minuten-Abstand mit Transportfahrzeugen zu rechnen. Kann diese weitere Belastung einer Region, die mitten im Ballungsgebiet Rhein-Main liegt, noch zugemutet werden?

Des weiteren liegt die geplante Deponie unterhalb des Grundwasserniveaus, wodurch die größten Schwierigkeiten auftreten, da eine derartige Anlage sowohl nach oben gegen eindringendes Regenwasser als auch nach unten gegen das Steigwasser geschützt werden müßte, was technisch kaum lösbar ist.

Bei Mülldeponien, die nach neuem Standard auf Geländeoberkante (Halde) angelegt werden sollen, entfällt der Wasserzutritt von unten und/oder von den Seiten. Durch partielles Abdecken mit Tonlagen oder Plastikfolien können Abfälle vor dem Auslaugen geschützt werden, ohne übermäßigen technischen oder finanziellen Aufwand.

Auch befinden sich entgegen den Behauptungen von Planern mehrere Quellen an der Grubensohle, wodurch in einer künftigen Deponie jährlich ca. 580 000 m³ Sickerwasser abgepumpt werden müßten. Kein verantwortungsvoller Politiker vermag heute eine Prognose über die Dauer des Abpumpens zu erstellen. Bis zum Jahre 2000 — oder aber mindestens bis zur endgültigen Verfüllung der Deponie? Versinkt der Deponiekörper danach in einem See?

Mit Sicherheit kann festgestellt werden, daß sich nicht nur die Umweltbelastung durch die Deponie Grube Messel auf eine unübersehbare Zeit erstreckt, auch kann niemand

Oben und linke Seite unten:
Rasterelektronenmikroskop-
Aufnahmen vom Mageninhalt
des auf S. 144 abgebildeten
Urhuftieres. Man erkennt Blatt-
und Pollenreste.

mehr unter dem Müll nach Fossilien graben. Aufgrund der politischen Zielvorgaben der SPD-Grünen-Koalition sowohl auf Landes- als auch auf Kreisebene wird die Grube Messel als Kulturdenkmal erhalten und deshalb unter Grabungsschutz gestellt sowie unbefristet als Grabungsgebiet ausgewiesen.

Als ein Schritt in diese Richtung ist auch der Antrag, den das Oberbergamt in Wiesbaden im Auftrag des Umweltministeriums beim Verwaltungsgerichtshof in Kassel gestellt hat, zu werten, den Sofortvollzug für die Inbetriebnahme der Grube Messel aufzuheben. Als zuständiger Dezernent für Abfallwirtschaft und Denkmalpflege gehört es zu meiner wichtigsten Aufgabe, dieser kulturellen Barbarei ein Ende zu setzten.

*Im Juni 1986*
*Manfred Bäurle*
*Erster Kreisbeigeordneter*

## Messel wird nie sterben

**Was war Messel vor 1976?** Ein Dorf, in dessen Umgebung es seit 1885 erst mehrere und später nur noch eine Ölschiefer-Grube gab. Es ist sicher, daß während der langen Periode des Abbaus die Pflanzen und Tiere im Ölschiefer nicht unbemerkt geblieben sind. Geborgen wurden jedoch nur wenige, da die Aufrechterhaltung des Arbeitsbetriebes Vorrang hatte und da der Ölschiefer samt den Fossilien an der Luft sofort zerfiel. Entsprechend gering blieb die Zahl wissenschaftlicher Beschreibungen. Ganz anders war die Situation im Geiseltal mit seinen in etwa gleichalten — ca. 45 Millionen Jahre — Braunkohlen, wo systematische Grabungen eine große Menge ausgezeichneter Fossilien an den Tag förderten. Allerdings neigen die Fossilien des Geiseltales weniger zum Zerfall als die aus Messel und können deshalb leichter aufbewahrt werden.

**Was bedeutet Messel für die Zukunft?** Es ist ein Name, der sich — das zeichnet sich seit mehreren Jahren deutlich ab

— in die Reihe berühmter Namen einfügen wird, die außerordentliche Entdeckungen markieren. Sind Lascaux (Frankreich) oder Olduwai (Tansania) beispielsweise Höhepunkte der Vorgeschichte des Menschen, so muß man neben Ediacara (Australien) oder Bernissart (Belgien) auch Messel zu den Höhepunkten der Paläontologie und der Wissenschaftsgeschichte zählen.

**Was ist Messel heute, am Ende eines Jahrhunderts?** Die Einstellung des industriellen Abbaus im Jahre 1971 war ein entscheidender Wendepunkt für die Grube und damit für die Paläontologie. Von da an bestanden die Voraussetzungen, um bleibende Werte für die Wissenschaft zu gewinnen. Bald fiel jedes Wochenende ein Heer von »Naturforschern« in die Grube ein. Mit Scharfsinn und Weitblick entwickelten einige besonders engagierte Leute neue Techniken für die Erhaltung und Aufbewahrung der Fossilien. Hinzu kam eine wachsende Geschicklichkeit bei ihrer Präparation. — Kein Wunder, daß schon nach wenigen Monaten die einmaligen Wirbeltiere der Grube Messel Aufsehen erregten... Und hier fängt die in diesem Buch erzählte Geschichte an.

Es ist wichtig, daß ein Buch den heutigen Zustand von Messel festhält, und daß es von Menschen geschrieben wurde, die in Messel vernarrt sind, die Jahr für Jahr, bei

*Paroodectes feisti*, ein Ur-Raubtier; Länge 80 cm.

jedem Wetter unermüdlich bemüht sind, die Schätze der Grube zu heben. Die laufenden umfangreichen Ausgrabungen sind eines der letzten noch möglichen großen Abenteuer in unserer überbevölkerten und hochindustrialisierten Welt, in der der Kult um Rentabilität alles dominiert.

Aber vor allem ist Messel ein durch und durch »menschliches« Unternehmen, das Fleiß, Großmut, Begeisterung, Konkurrenzkampf, Gewinnstreben usw. kennt. Es »vereint« Liebhaber und Forscher auf der einen und echte und unechte Händler auf der anderen Seite. Richtet die erste Gruppe ihr Streben ausschließlich auf das wissenschaftliche Ergebnis ihrer Arbeit, so reagiert die zweite äußerst empfindlich auf das Gesetz von Angebot und Nachfrage. Es ist professionellen und nichtprofessionellen Händlern nicht entgangen, daß unsere Freizeitgesellschaft ein großes Interesse an naturhistorischen Objekten entwickelt hat. Damit müssen wir leben. Wichtig ist, daß sich alle an dem Kampf gegen die Zeit beteiligt haben: Solange noch die Chance besteht, müssen möglichst viele Fossilien Messels gerettet werden.

Man darf nicht aus den Augen verlieren, daß dies nur möglich war und ist dank dem Verständnis und der großzügigen Unterstützung privater Firmen, insbesondere derjenigen, die zuletzt in der Grube abbauten, und durch den Einsatz jener, die dafür ihre Freizeit opferten und bereit waren, Verantwortung auch für die Sicherheit anderer auf sich zu nehmen.

Die Fülle und Mannigfaltigkeit von Flora und Fauna der Grube Messel, die auf den folgenden Seiten dokumentiert wird, ist überwältigend. Zu neuem Leben erweckt, wird sie nie mehr sterben und für immer kostbarer Besitz der Menschheit bleiben. Wenn es je die große Grube, die heute noch zugänglich ist, nicht mehr geben sollte, dann werden wenigstens in Museen, Forschungsinstituten und Privatsammlungen einmalige Stücke zu finden sein, zum Nutzen der Wissenschaft und für die Bewunderung eines breiten Publikums.

*Im Juli 1986*
*Dr. P. Sartenaer*
*Institut Royal des Sciences Naturelles de Belgique, Brüssel*

# Topographie

Die Grube Messel ist ein stillgelegter Tagebau, in dem etwa 85 Jahre lang, bis 1971, Ölschiefer gefördert und industriell verwertet wurde. Sie liegt etwa 25 km südlich von Frankfurt (Main) und 9 km nordöstlich von Darmstadt.

Weltweit bekannt machten die Grube ihre exzellent erhaltenen, rund 50 Millionen Jahre alten Fossilien aus dem Eozän. Sie werden heute ausschließlich in Forschungsgrabungen von Mitarbeitern verschiedener Museen und Institute geborgen. Fossiliensammlern ist das Betreten und das Sammeln in der Grube strengstens verboten. Für interessierte Laien werden jedoch Führungen durch die Grube veranstaltet (siehe Seite 152). Dabei ist auch Gelegenheit gegeben, Einblicke in die wissenschaftlichen Grabungen zu gewinnen. Die in Messel geborgenen Fossilien kann man in Museen und auf verschiedenen Sonderausstellungen, unter anderem der NAOM e.V. kennenlernen.

Bereits mit dem Ende der Ölschieferförderung setzten Überlegungen ein, in dem ehemaligen Abbau eine zentrale Mülldeponie für den Großraum Frankfurt, Offenbach und Darmstadt einzurichten. Damit war der Konflikt zwischen der Wissenschaft auf der einen Seite und der immer dringlicher werdenden Frage der Müllentsorgung auf der anderen Seite vorprogrammiert. Eine allseits befriedigende Lösung scheint trotz heftigst geführter Diskussionen und reger Anteilnahme einer breiten Öffentlichkeit unmöglich.

Das Areal des Bergwerksgeländes der Grube Messel hat eine Gesamtausdehnung von rund 150 ha. Es umfaßt den ehemaligen Ölschiefertagebau, die Rückstands- und die Abraumhalde. Die durch den Schieferabbau geschaffene, nordöstlich streichende elliptische Mulde hat eine Ausdehnung von rund 800 × 500 m und eine Tiefe von etwas mehr als 70 m. Ihr Fassungsvermögen beträgt rund 28 Mil-

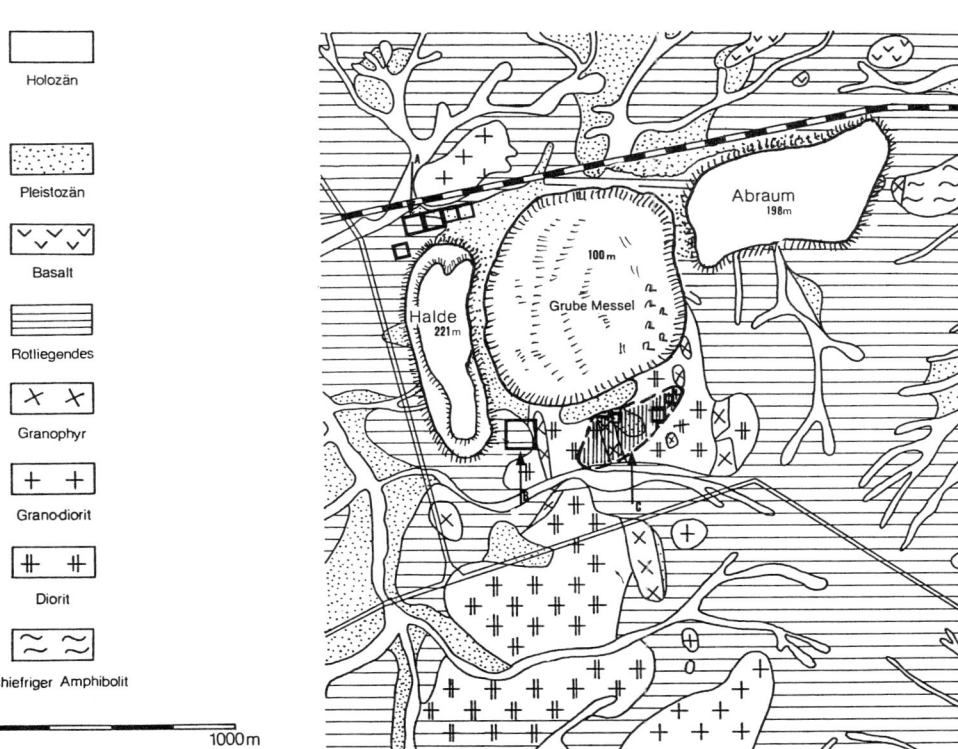

**Legende:**

Holozän

Pleistozän

Basalt

Rotliegendes

Granophyr

Grano-diorit

Diorit

Schiefriger Amphibolit

0 — 1000 m

Geologische Kartenskizze der Grube Messel (nach MATTHESS 1966, verändert und ergänzt).

lionen m$^3$. Der Abbau hat die Ölschiefergrube zonal in ca. 10 m mächtige Scheiben, die in Messel auch als »Bermen« (Sohlen) bezeichnet werden, untergliedert. Die VI. und unterste Scheibe bildet in rund 70 m Tiefe die feste Grubensohle.

Nach der Einstellung des Bergwerksbetriebes füllte sich die Grube allmählich mit Wasser, wobei auch ein Teil der paläontologischen Grabungsstellen unter Wasser geriet. Der Grubensee hatte zuletzt eine Ausdehnung von über 10 ha. Im Zuge der Vorbereitungen der Grube zur Deponie wurde er Mitte 1985 trockengelegt. Seitdem sind nur noch Resttümpel vorhanden. Entwässerungskanäle sammeln das zufließende Oberflächenwasser in einem Sammelbecken,

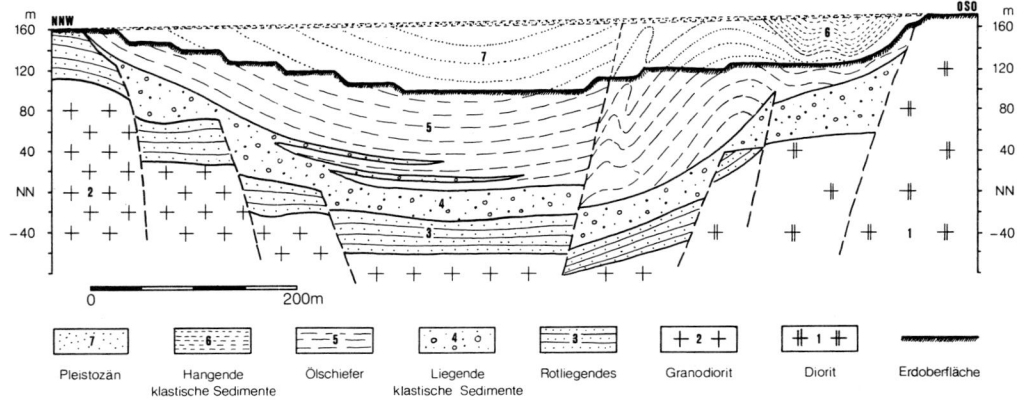

| | | | | | | | | |
|---|---|---|---|---|---|---|---|---|
| Pleistozän | Hangende klastische Sedimente | Ölschiefer | Liegende klastische Sedimente | Rotliegendes | Granodiorit | Diorit | Erdoberfläche |

Geologischer Schnitt durch die Grube Messel (nach MATTHESS 1966, verändert und ergänzt).

von wo aus es mit Hilfe einer neueingerichteten Pumpstation aus dem Grubenbereich entfernt wird.

Die Rückstandshalde erstreckt sich westlich des Tagebaues von Nord nach Süd. Bei einer Gesamtlänge von 900 m und einer Schutthöhe von etwa 60 m untergliedert sie sich in die größere Schlackenhalde und die vorgelagerte sogenannte Grießhalde, die aus feinkörnigem Schiefermaterial besteht, das zur Verschwelung nicht geeignet war. Die Schlackenhalde setzt sich aus poröser roter Schwelasche und auf der Halde gesinterter und geschmolzener schwarzer Sinterschlacke zusammen. Hauptbestandteile der ca. 5 Millionen Kubikmeter Ölschieferasche auf der Schlackenhalde sind Kieselsäure (50%), Aluminium- (21%) und Eisenoxid (16%). Mit den 221 m über NN der Rückstandshalde erreicht die Grube Messel ihren topographisch höchsten Punkt.

Als dritter Teilbereich des Bergwerksgeländes erstreckt sich im äußersten Nordosten von West nach Ost die Abraumhalde. Sie besteht hauptsächlich aus den abgeräumten ursprünglichen Deckschichten des Tagebaues: pleistozäne Sande, Lehme und Tone sowie klastische Sedimente der Messeler Schichten. Auch roter Rückstand aus der Anfangszeit der Ölschieferaufbereitung und industriell nicht verwertbarer Ölschiefer verschiedener Körnungen gelangten auf die Abraumhalde. Sie mißt 900 × 500 m, bei einer Mächtigkeit von 38 m, und erreicht eine absolute Höhe von etwa 198 m über NN. Die Aufschüttmasse beträgt nach BEEGER (1976) 6 Millionen Kubikmeter.

# Geologie

Die Grube Messel ist eingebettet in das Messeler Hügel-
land, ein flachwelliges bis hügeliges Gelände, dessen Topo-
graphie von der Hochscholle des »Sprendlinger Horstes«
bestimmt wird. Er schließt sich dem Nordwesten des kristallinen Odenwaldes an und erfährt seine Begrenzung gegen den Oberrheingraben durch die nördliche Fortsetzung
der westlichen Odenwaldbruchstufe. Im Norden grenzt
der Sprendlinger Horst mit Gesteinen des Rotliegenden
nördlich von Dreieich an die pleistozänen Schwemmland-
massen der Neu Isenburger Quersenken. Die Grenze im
Osten bildet ebenfalls eine, allerdings nur schwach aus-
gebildete Verwerfungslinie gegen die pleistozäne Hanau-
Seligenstädter Senke (WAGNER 1961).

Im Osten, Norden und Westen erhebt sich der Sprendlinger Horst bis zu 80 m über sein Umland, das aus Flugsan-
den, Schottern, Kiesen und Sanden aufgebaute Hessische
Ried und die Untermainebene. Die Längserstreckung des
Sprendlinger Horstes von Nord nach Süd beträgt 23 − 25
km, bei einer fast gleichbleibenden Breite von 9 − 10 km. Er
fällt von 227 m NN im Norden bis auf 125 − 130 m NN im
Süden ab (MEYNEN et al. 1956).

Geologisch gesehen sind am Aufbau der unmittelbaren
Umgebung der Grube Messel Gesteine aus verschiedenen
erdgeschichtlichen Zeitabschnitten beteiligt: vorkarboni-
sche, d. h. mehr als 345 Millionen Jahre alte Amphibolite,
die in der Hauptsache aus Hornblende und Feldspat
bestehen; Tiefengesteine aus dem Karbon (vor 345 − 280
Millionen Jahren); sandige, unsortierte Ablagerungsgestei-
ne des Rotliegenden aus der Permzeit (vor 280 − 225 Millionen Jahren). Die Oberfläche bilden die ins Tertiär zu stel-
lenden eozänen Messeler Schichten sowie eiszeitliche
Lehm-, Sand- und Kiesablagerungen aus dem Quartär.

# Die Messeler Schichten

Die Messeler Schichten füllen einen durch tektonische Ereignisse als Becken entstandenen Grabenbruch. Sie lassen sich in insgesamt drei Schichtglieder aufteilen: die liegenden klastischen Sedimente, den Ölschiefer und die hangenden klastischen Sedimente. Die zwei jüngeren Schichtglieder streichen am Beckenrand zutage aus oder sind von einer geringmächtigen Lage pleistozäner Bildungen bedeckt (RAUCH 1927, LEHMANN 1933).

Die liegenden klastischen Sedimente ruhen im Beckeninnern unmittelbar auf dem kristallinen Grundgebirge, das auch die unterschiedlich steilen Ränder des Beckens bildet (LEHMANN 1933). Im Südosten und Nordwesten des Tagebaues liegt der Kontakt der Messeler Schichten mit dem Kristallinen bloß. Dort stehen auch tonige Verwitterungsprodukte des Grundgebirges an. Sie sind teils umgelagert, teils befinden sie sich noch am Ort ihrer Entstehung.

Meist hellgrau bis bräunlich zeigen sie sich stellenweise auch in außerordentlich bunten Farben. Das umgelagerte Verwitterungsprodukt, ein grauer bzw. graugrüner, oftmals Gerölle führender Gesteinsgrus, dürfte keinen allzu weiten Transportweg hinter sich haben. Das ist das Ergebnis der Auswertung von bisher unveröffentlichten Resultaten von Bohrungen (Privataufzeichnungen des Vermessungssteigers Paul Szyszka) (RAAB 1980). Im Beckeninneren erbohrte man Sande und Kiese mit teilweise recht großen Geröllen sowie Toneinschaltungen. Sie sind sehr wahrscheinlich Ablagerungen von Fließgewässern. In den liegenden klastischen Sedimenten findet sich verbreitet Pyrit; sie sind bisweilen sogar kalkhaltig (MATTHESS 1966). WEBER und ZIMMERLE (1985) konnten außerdem vulkanische Gesteinsfragmente feststellen.

Mit einer annähernden Mächtigkeit von 190 m bildet der bituminöse Ölschiefer heute die Hauptfüllmasse des ehemaligen eozänen Sees. Im unteren Teil des Ölschieferpakets wechsellagern mit dem bituminösen Ölschiefer sandig-tonige Gruslagen, wie sie oben beschrieben wurden. Einige greifen zungenförmig von den Rändern ins Becken. In ungestörter Lagerung fallen die Schichten des Ölschieferflözes zur Beckenmitte hin ein (MATTHESS 1966).

Spinne; ca. 3 cm.

Ursprünglich lag unmittelbar über dem Ölschiefer eine 0,5 — 5 m mächtige Schicht schwarzen Tons (KLEMM 1910), der vermutlich durch Verwitterung aus dem Ölschiefer entstanden war (RAUCH 1927). Dieser Kohlenton enthielt Fragmente und Nester lignitischer Braunkohlen, die man auch im Ausgehenden des Ölschieferflözes (RAUCH 1927) und bei Bohrungen (MATTHESS 1966) fand. Der Kohlenton wurde beim Abbau beseitigt und auf die Halde gekippt.

Die hangenden klastischen Sedimente schlossen den Ölschiefer nach oben hin ab. Eine größere Mächtigkeit (32,65 m) erlangten sie jedoch nur in drei tektonisch bedingten Mulden am Ost- bzw. Südrand des Tagebaues (RAAB 1980). Die hangenden Schichten überlagern an den Rändern des Messeler Grabens teilweise die dort ausstreichenden liegenden klastischen Sedimente. Nach RAAB (1980) findet man sie sonst nirgendwo mehr in situ. Auch in ihnen konnten WEBER und ZIMMERLE (1985) Gesteinspartikel vulkanischen Ursprungs nachweisen.

Über den hangenden klastischen Sedimenten folgten in den drei oben erwähnten Mulden noch ca. 14 m mächtige gelbbraune, hellgraue, graugelbe, blaugraue, grünbraune oder olivgraue Tone, die in der Regel zu gleichen Teilen aus Kaolinit und Montmorillonit bestanden (MATTHESS 1966). Es dürfte sich dabei um verwitterte und umgelagerte Ölschiefer gehandelt haben sowie um Tone, die aus benachbarten Bildungsräumen in die Mulden eingeschwemmt worden waren. Den Abschluß und die ursprüngliche Geländeoberfläche bildeten mehr oder weniger tonige, bis zu 20,5 m mächtige Sande (MATTHESS 1966).

Messeler Schichten gibt es nicht nur in der Grube Messel. Im Bereich des Sprendlinger Horstes finden sich weitere Vorkommen bei Darmstadt, Offenthal, Urberach bzw. Eppertshausen und Gundershausen. Außerdem konnten Messeler Schichten im Rheintalgraben bei Stockstadt in mehr als 1700 m Tiefe durch Bohrungen nachgewiesen werden.

## Der Messeler Ölschiefer

Der mitteleozäne Ölschiefer der Grube Messel muß nach bisherigen Erkenntnissen als ein bituminöses Tongestein angesprochen werden (DÖRTELMANN 1950). Ausführlich mit den verschiedenen Ölschiefertypen, ihrem Vorkommen und ihrer möglichen Nutzung befassen sich auch RAAB (1980), BEEGER & CHLASTA (1956). Bei RAAB heißt es: »Beim Messeler Ölschiefer treten im bergfeuchten Zustand Farbvarianten von Tiefschwarz über Dunkelgrau bis Grünlichgrau auf. Die Farbänderungen gehen möglicherweise auf einen stark schwankenden Ölgehalt zurück (EISVOGL 1979). Der Bruch ist erdig, seltener muschelig; der Strich von einer blaß-gelblich-braunen Farbe. Austrocknender Ölschiefer geht mit abnehmendem Wassergehalt in ein gelbliches Braun über. In stärkerer Feinschichtung treten in der Mitte des Vorkommens auch Ölschiefer mit blättrig-schiefrigem Charakter auf. Nach MATTHESS (1966) ist der Ölschiefer in der Regel in 1 — 20 mm mächtige Bänkchen zerlegt, die in der Fazies der feinlagigen Blätterschiefer jedoch höchstens 7 mm dick werden. Bei der bergmännischen Aufbereitung

Palmenblüte mit 3 deutlich sichtbaren Staubblättern.

zerfällt das Gestein stückig; eine mulmige Beschaffenheit wird nur in den Störungszonen beobachtet. Die unterschiedlich mächtigen Ölschieferbänke sind durch hauchdünne, gelb bis rötlich gefärbte, sandig-tonige Zwischenlagen von höchstens Millimeterdicke getrennt. Neben diesen »Sandhäuten« finden sich oftmals 1 − 20 mm dicke, gelbgraue oder graubeige Sandlinsen und Sandschmitzen (MATTHESS 1966). Als weitere Zwischenlagen konnte FRANZEN (1978) in neueren Untersuchungen grobklastische Einschaltungen verwitterten Grundgebirgsmaterials (bis 20 cm Durchmesser), hellgrauen Quarzsand und fahlgelben-hellbraunen Siderit mit Mächtigkeiten von 0,01 − 5 cm nachweisen.«

Die Bitumina des Messeler Ölschiefers sind den Kerogenen zuzurechnen, d. h. sie sind aus organischen Substanzen hervorgegangen. Grundstoff dieser Bitumina scheint vornehmlich ein faulschlammähnliches Zersetzungsprodukt aus Pflanzen zu sein, das sich mit dem Mineral Montmorillonit zum Ölschiefer verfestigte. Durch Dünnschliffuntersuchungen ließen sich in der feinstkörnigen Grundmasse Reste einer Alge aus der Familie der Botryococcaceae sowie Pilze und Pollen nachweisen (MATTHESS 1966). Nach neueren Untersuchungen scheinen auch Bakterien an der Bildung des Ölschiefers beteiligt gewesen zu sein.

Unten links: Dreizählige Blüte. Unten rechts: Ölschieferschichtpaket mit Feinschichtung und Schrumpfungsrissen.

# Die Mineralien der Grube

Die anorganischen Bestandteile des Ölschiefers sind überwiegend Tonminerale aus der Gruppe der Smektite und Kaoline, hauptsächlich in der Form von Montmorillonit. Aufnahmen mit dem Rasterelektronenmikroskop bei 15 000facher Vergrößerung zeigen extrem kleine, dünne, sehr unregelmäßig geformte Montmorillonitkristalle. Aufgrund ihrer besonderen Gitterstruktur können sie zusätzliche Ionen, d. h. Wasser und auch organische Moleküle einbauen. Damit ist eine Grundvoraussetzung für den Bituminisierungsprozeß des Messeler Ölschiefers gegeben.

Pyrit und seine Modifikation Markasit finden sich als Imprägnationen der graubraunen oder grünlichgrauen Geoden, in die größere Fossilien eingebettet sind. Beide Mineralien treten weiterhin in Form von Knollen und Imprägnationen in den sandig-tonigen Gruszwischenschichten und als Imprägnationen oder geringmächtige Zwischenlagen (1 − 2 mm) im Ölschiefer selbst auf. FREUDENBERG (1977) beschreibt dazu auskristallisierte Markasitkonkretionen bis 20 mm Durchmesser sowie größere Pyritwürfel bis 1,5 mm. Festgestellt werden konnten auch unregelmäßig auftretende Sideritlagen in einer Dicke von 0,1 − 10 mm.

Das wohl bekannteste Phosphatmineral der Grube Messel ist jedoch der nach dem ersten Fundort benannte Messelit. Er ist extrem selten. Weitere bekannte Fundorte sind der Pegmatit von Palermo, New Hampshire (USA), die kohlehaltigen Sedimente von Semizersk, Kistanaj-Region/Kasachstan, und der Granit (-Pegmatit) von Pribyslavice in Böhmen.

Messelit bildet prismatische oder tafelige, bräunliche bis farblose Kristalle. Sie sind überwiegend trüb und nur an den Enden durchscheinend. Die Härte liegt zwischen 3 und 3,5; die Dichte bestimmte TABORSZKY (1977) mit 2,81 und 2,94. Das Mineral tritt im allgemeinen in Form kleiner Knötchen auf; nur ausnahmsweise bildet es erbsengroße, gelegentlich auch größere, büschelige oder kugelige Aggregate, die aus kleinen, selten bis 3 mm langen und 2 mm breiten Kristallen auf einer kugeligen Unterlage bestehen. DIETRICH konnte 1978 nachweisen, daß nur die älteren Funde aus der Grube Messel »echter« Messelit sind, die auf

Fledermaus mit Hauterhaltung und Ohren; Länge 5 cm.

blättrigem Ölschiefer gemachten Neufunde der letzten Jahre aber ausnahmslos Anapait, der sich äußerlich nicht vom Messelit unterscheidet.

Auch Gips konnte, als sekundäre Mineralbildung, in der Grube Messel nachgewiesen werden. Verdunstet gipshaltiges Wasser im Bereich des freigelegten anstehenden Ölschiefers, so bilden sich winzige, grauweiße Gipskriställchen, die die Ölschieferplatten puderartig überziehen. Oft treten die Gipskriställchen zu Rosetten zusammen und werden dann gerne mit Messelit verwechselt. Doch liegen sie im Gegensatz zum Messelit, der in den Ölschiefer eingewachsen scheint, flach auf dem Gestein.

# Bergbaugeschichte

Die Entdeckung des Ölschiefervorkommens bei Messel fiel in die Gründerzeit, jene Epoche in der 2. Hälfte des 19. Jahrhunderts, die gekennzeichnet ist durch die von England ausgehende Industrialisierung der Wirtschaft. Sie hatte eine zunehmende Nachfrage nach Eisen und Stahl zur Folge und intensivierte damit auch die Suche nach Bodenschätzen, d. h. einerseits Rohstoffen und andererseits Energieträgern zu ihrer Verarbeitung.

Das Ölschiefervorkommen von Messel ist nicht auf den Tagebau beschränkt; es greift etwa 6 km in die Umgebung aus. In einem so großen Gebiet gab es natürlich mehr als ein Anzeichen für diesen ungehobenen Schatz. Das erklärt, daß bereits im Jahre 1836 eine Gesellschaft bei der Fürstlich-Isenburgischen Rentkammer um die Konzession zur Prospektion auf Kohle im Gebiet der heutigen Gemeinden Offenbach, Urberach und Arheiligen nachsuchte. Die Schürfversuche dieser Gesellschaft blieben jedoch erfolglos. Bis etwa zur Mitte des 19. Jahrhunderts hatte man auf dem Gebiet des heutigen Tagebaues noch kein verwertbares Rohstoffvorkommen gefunden. Auch als in den Jahren 1855 — 1858 nur etwa 30 bis 50 m vom heutigen Grubenrand entfernt die Trasse der Eisenbahnstrecke Mainz — Aschaffenburg vorbeigeführt wurde, blieb das Ölschiefervorkommen unentdeckt. Ende 1858 endlich fanden Waldarbeiter zwischen den Wurzeln umgestürzter Bäume Raseneisenerz. Wenn auch gegenüber anderen Eisenerzen von geringer Qualität, erschien sein Abbau dennoch lohnend: 1859 wurde in der Zeilhardter Waldgemarkung die erste und 1863 in der Spachbrücker Gemarkung eine zweite Eisensteingrube eingerichtet. Beide gingen 1873 nach mehrfachem Besitzerwechsel schließlich an das Eisenhüttenwerk Michelstadt über.

Die Aufnahme rechts oben zeigt den Ölschiefertagebau Messel zu Abbau-Zeiten. Foto: W. Mößle. Darunter: Ölschieferbrecher im ehemaligen Tagebau. Foto: F. Vogel.

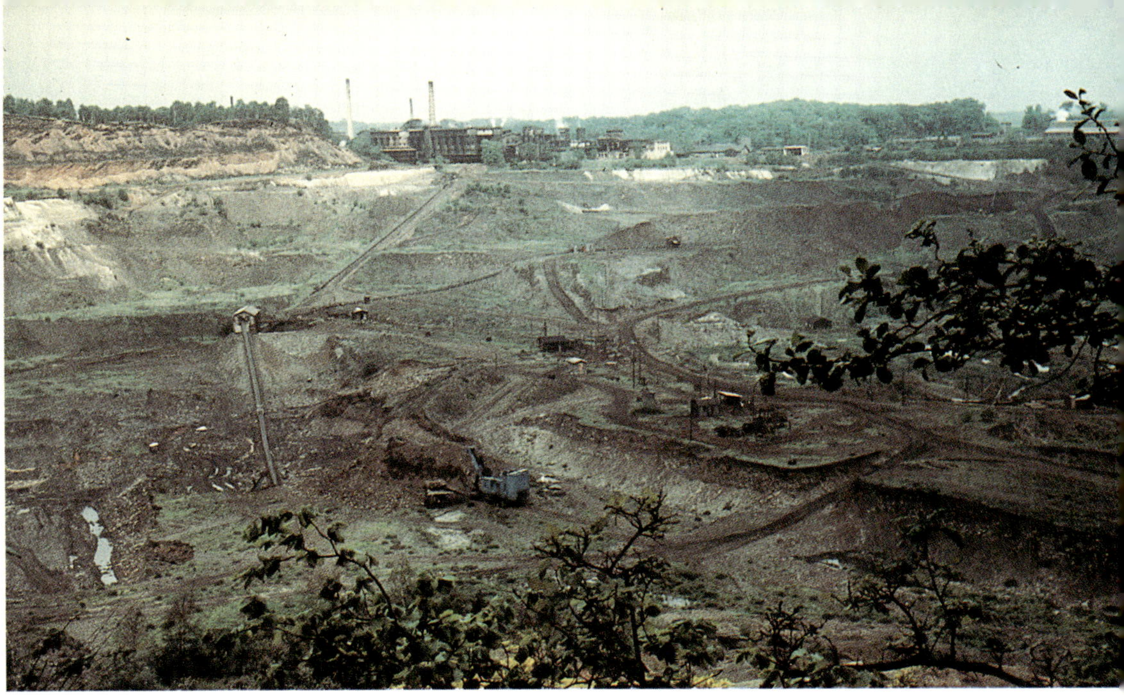

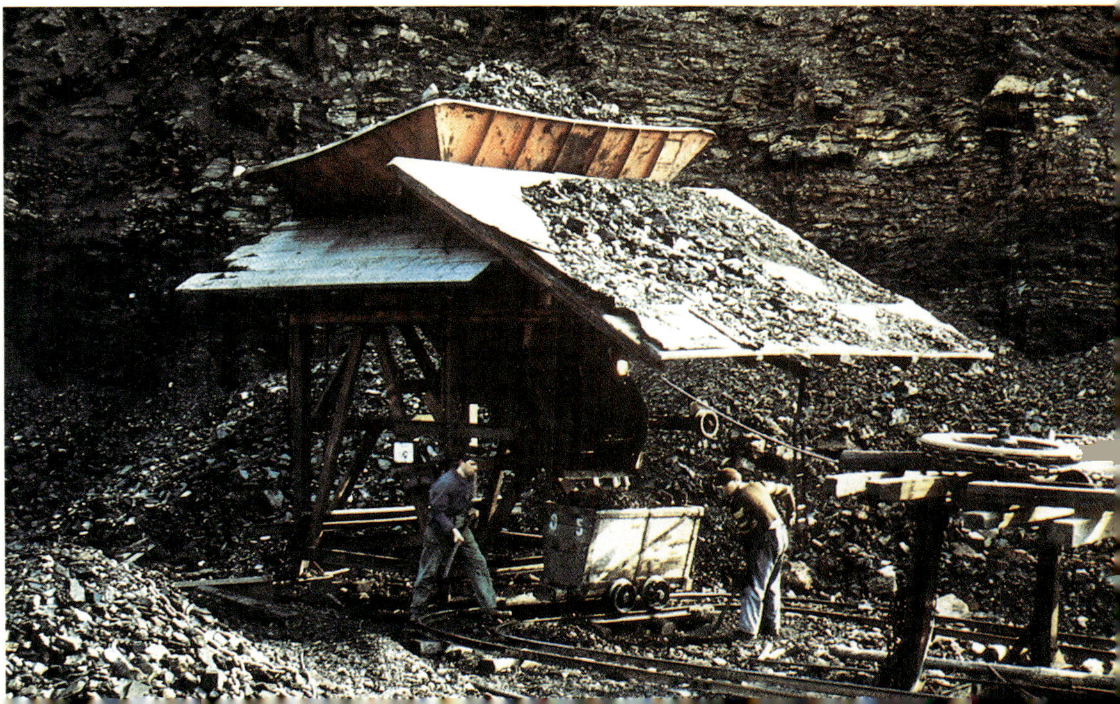

In diese Jahre fällt auch die Entdeckung des Ölschiefervorkommens, um die sich Legenden ranken. Nach einer waren es wiederum Waldarbeiter, die Beobachtungsgabe und Forschergeist bewiesen. Sie beobachteten, daß sich das Feuer, an dem sie sich wärmten, im Boden weiterfraß. Sie gingen der Sache grabenderweise auf den Grund und stießen dabei auf die obersten, braunkohleartig ausgebildeten Lagen des Ölschiefers.

Eine andere Legende berichtet, daß ein Förster mit seinem Gehilfen beim Ausgraben eines Fuchsbaues auf ein »sonderbares Gestein« gestoßen sei, »das sich wie ein Buch aufblättern und mit dem Messer schneiden läßt« (BEEGER Zit. MELTZER, Ms. u. Schriftwechsel 1949 — 1953 zur Geschichte der Gewerkschaft Messel).

Der Wirklichkeit näher kommen dürfte wohl die Erklärung, daß man beim Abbau des Raseneisenerzes sowohl auf geringmächtige Lagen von Braunkohle wie auch auf den als Braunkohle angesprochenen Ölschiefer gestoßen war.

Mit der Entdeckung eines allem Anschein nach großen Kohlenlagers konnte die Bevölkerung, die bisher zum Heizen auf das Holz der umliegenden Wälder angewiesen gewesen war, auf einen »bequemeren« und billigeren Brennstoff hoffen. Doch diese Hoffnung trog. Die vermeintliche Braunkohle brannte so schlecht, daß nach Berichten aus der Zeit um 1873 verschiedentlich Käufer die »Braunkohle« dem Eisenhüttenwerk Michelstadt zurückbrachten und ihr Geld zurückverlangten.

Ungeachtet dieser nicht gerade ermutigenden Erfahrungen bemühten sich die Besitzer des Eisenhüttenwerkes Michelstadt um eine Ausdehnung der Konzession auf Braunkohle, die ihnen 1875 durch großherzogliches Dekret auch gewährt wurde. Die Idee ihrer industriellen Verwertung mußte aber schließlich doch aufgegeben werden. Daraufhin wechselten die beiden kleinen Messeler Grubenfelder den Besitzer; sie gelangten 1883 in die Hände eines Regierungsbaumeisters C. D. Schulze aus Berlin, der sie noch im gleichen Jahr an den Frankfurter Bankier Cäsar Straus weiterveräußerte.

Cäsar Straus, geboren am 12.1.1854, war das, was man heute als dynamische Persönlichkeit bezeichnet. Er gehörte zu den Initiatoren des sozialen Wohnungsbaues in Frankfurt

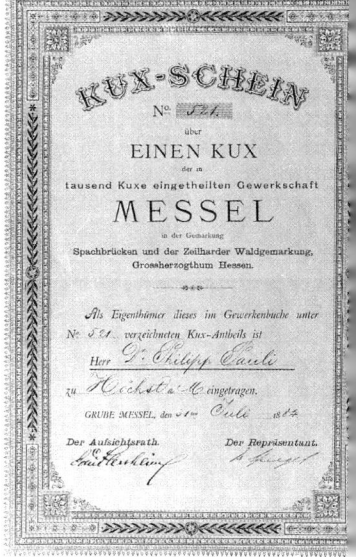

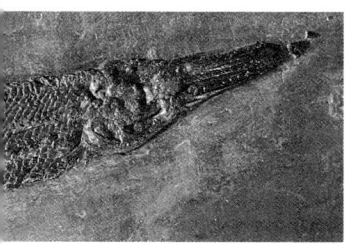

Knochenhecht *Atractosteus strausi*; Länge 20 cm.

(Main) und war ein bekannter Kunstsammler. Sein Sinn für das wirtschaftlich Sinnvolle und finanziell Machbare sollte auch die Ölschiefergewinnung und -verarbeitung in Messel aus ihrem Dornröschenschlaf erwecken.

Straus erwirkte voraussehend als erstes die Genehmigung zum Bau und Betrieb einer Teeraufbereitung und einer Braunkohle-Destillation. Und das, obwohl erste Destillationsversuche am hohen Wassergehalt des Ölschiefers (bis zu 50%) gescheitert waren.

Überzeugt von der Möglichkeit einer wirtschaftlichen Ausbeutung des »Braunkohlevorkommens«, gewann er zehn Bankiers und Privatleute dazu, Kapital in das Unternehmen zu stecken. Straus und die Kapitalgeber schlossen sich zu einem Konsortium zur industriellen Ausbeutung und Verwertung des Braunkohlevorkommens zusammen und gründeten am 24. Juli 1884 die Gewerkschaft Messel. In bergrechtlichem Sinne versteht man unter einer Gewerkschaft eine Gesellschaft, die Bergwerkseigentum besitzt und nutzt. Ihr beliebig hohes Grundkapital ist in 100 oder 1000 Anteile gestückelt, die ein quotenmäßiges Anteilsrecht verbriefen. Das Gewerkschaftseigentum Messel bestand aus 1000 Anteilen oder Kuxen. Die Kuxen-Inhaber oder Gewerken sind in ein sogenanntes Gewerkenbuch eingetragen. Sie haften insoweit persönlich, als sie bei Kapitalerhöhungen oder Verlusten zu Zubußen herangezogen werden, deren Höhe sich nach den jeweiligen Anteilen bemißt. Die Gewerken bilden in ihrer Gesamtheit die Gewerkenversammlung. Diese bestimmt über die Geschicke der Gewerkschaft und benennt als ihren Leiter den Repräsentanten.

Auch in der Wahl des Repräsentanten bewies Cäsar Straus seine glückliche Hand. Er gewann den Chemiker Dr. Adolf Spiegel, ohne dessen Ideenreichtum und fundierte Kenntnisse alle finanziellen Anstrengungen der Gewerken in Messel vergeblich geblieben wären. — Nach Straus und Spiegel sind übrigens zwei für Messel charakteristische Fossilien benannt: der Knochenhecht *Atractosteus strausi* und die in Messel häufige Fledermaus *Palaeochiropteryx spiegeli*.

Adolf Spiegel, geboren am 26.2.1856 in Michelstadt, studierte nach einer Lehrzeit als Drogist von 1873 — 1881 Chemie,

Kux-Schein Nr. 521 der Gewerkschaft Messel.

unter anderem in Darmstadt, Manchester, London und München, wo er dann auch promovierte. Seiner Wahl zum Repräsentanten gingen zwei Jahre als Chemiker bei den Farbwerken Hoechst voraus.

Spiegel stand in Messel vor einer schweren Aufgabe. Ihn erwartete ein kleiner, verkehrsmäßig nur unzureichend erschlossener Tagebau in einem sumpfigen Waldgebiet. Was man dort förderte, wurde zwar als Braunkohle angepriesen, unterschied sich aber von der Braunkohle aus anderen Gebieten Hessens durch die schieferartige Ausbildung und den miserablen Heizwert. Man wußte zwar, daß sich aus diesem Rohstoff durch Schwelen, das heißt Destillation unter Luftabschluß, Öl und Paraffin gewinnen ließ. Nur fehlte ein entsprechend wirtschaftliches Verfahren dazu. Darüber hinaus war damals schon die Konkurrenz im Ölgeschäft nicht gerade gering. Ölschieferverarbeitung gab es bereits in Schottland und in Mitteldeutschland, wo gestützt auf bitumenreiche Braunkohlevorkommen eine ganze Schwelindustrie entstanden war. Sie hatte ihr Zentrum im Gebiet von Halle oder genauer gesagt im Geiseltal, der neben Messel bedeutendsten eozänen Fossilfundstelle der Welt.

Was tun erfolgreiche Geschäftsleute in einem solchem Fall? Sie lernen von der Konkurrenz. Straus und Spiegel unternahmen Informationsreisen nach Mitteldeutschland und Schottland und schauten sich die Schwelbetriebe dort an. Und sie kauften die ersten Anlagen für die Schwelerei und Raffinerie in Messel. Die Anpassung dieser Anlagen an die besonderen Verhältnisse in Messel mit seinem stark wasserhaltigen Ölschiefer besorgte Dr. Spiegel. In den von ihm entwickelten Schwelöfen wurde der zerkleinerte Ölschiefer (Tagesdurchsatz 20 Tonnen) durch drei Zonen mit unterschiedlicher Temperatur (Trockenzone, Schwelzone und Vergasungszone) bewegt. Die Endprodukte waren Schlacke und Schwelöl, das weiterverarbeitet werden konnte.

Spiegel ließ Bohrungen niederbringen, um die Ausmaße des Ölschiefervorkommens festzustellen. Der Tagebau wurde vergrößert; man begann mit dem Bau einer Fabrik, die die Verarbeitungsanlagen aufnahm. In diesen Anfangszeiten erfolgte der Abbau des Ölschiefers noch von Hand;

Messeler Urpferd *Propalaeotherium* sp.; Länge 85 cm.

das Material schaffte man mit Pferdefuhrwerken auf einem beschwerlichen Weg durch den Wald zu den Schwelöfen. 1888 wurden so rund 34 500 t Ölschiefer gefördert, die 802 t Rohöl ergaben.

1889 wurde der sogenannte Rollochbetrieb mit auf Schienen laufenden Grubenwagen mit mechanischer Kettenbahnförderung eingeführt. Die Grubenwagen liefen übertage mit einem Gefälle von 10% zu einem Schachttunnel, in dem sie untertage, also im anstehenden Ölschiefer, mit gleichbleibendem Gefälle bis auf 30 m Tiefe geführt wurden. Von dieser Hauptförderstrecke aus wurden im Abstand von rund 25 m als Nebenförderstrecken Seitenstollen vorgetrieben. Von den Nebenförderstrecken aus bohrte man sogenannte Rollöcher mit einem Durchmesser von rund 40 cm senkrecht nach oben bis zur Oberfläche des Ölschieferlagers. Die Rollöcher verschloß man unten mit eisernen Klappen.

Der Abbau erfolgte von oben. Das abgebaute Material wurde in die Rollöcher gekippt, unter denen die einen halben Kubikmeter fassenden, aus Eichenholz gefertigten Grubenwagen standen. Befand sich in den Rollöchern genügend Material, betätigte untertage ein Kumpel die Klappe und füllte den Grubenwagen. Mit fortschreitendem Abbau entstanden so um die Rollöcher Trichter mit Oberkantendurchmesser von 40 bis teilweise sogar 80 m.

Stolleneinbrüche und Abbau auch nachts machten die Arbeit in der Grube nicht ungefährlich. Doch nur so konnte die Fördermenge von rund 51 200 t im Jahre 1889 auf rund 144 000 t im Jahre 1896 gesteigert werden. Gewann man daraus zunächst ausschließlich Rohöl, so kam im Verlauf von 15 Jahren dank der Tüchtigkeit Dr. Spiegels, der die technischen Voraussetzungen schuf, eine Vielzahl weiterer Produkte hinzu. Es waren, um nur einige wenige herauszugreifen, u. a. Ammonsulfat als Ausgangsmaterial für Kunstdünger, Paraffin, Tumenol, eine antiseptische Heilsalbe usw. Die Produktpalette umfaßte praktisch alle damals bekannten Verwertungsmöglichkeiten für Erdöl. Bei der Ölschiefer-Verarbeitung fiel auch Gas an, das man zum Antrieb der Maschinen nutzte: Die selbsterzeugte Energie wurde gleich wieder der Produktion zugeführt.

Die Grube Messel florierte und expandierte. 1920 standen

in der Schwelerei zwanzig Öfen, und entsprechend hatte man die Verarbeitungsanlagen vergrößert. Bereits 1913 war der erste Löffelbagger zum Abbau eingesetzt worden. Damit begann der Übergang zum rein obertägigen Abbau, bei dem man bis zur Einstellung des Tagebaubetriebes im Jahre 1971 blieb. Die günstige Entwicklung konnten auch immer wieder auftretende Rutschungen im Tagebau, die zum Teil erhebliche Schäden am Maschinenpark verursachten, nicht beeinträchtigen, ebensowenig wie Unglücksfälle beim Rollochbetrieb.

Natürlich wirkte sich auch die Blockade Deutschlands im ersten Weltkrieg »fördernd« auf die Produktion und den Absatz aus.

Im Jahre 1920 lieferte Messel 37% des insgesamt in Deutschland geförderten Öls. Betrug die Ausschüttung für die Gewerken je Kux im Geschäftsjahr 1905/1906 sechzig Goldmark, so erreichte sie 1913/1914 mit 220,– Goldmark fast das Vierfache. Der Reingewinn belief sich in dieser Zeit auf einige Millionen Goldmark.

Am 1. 4. 1921 legte Dr. Spiegel aus Altersgründen sein Amt als Repräsentant der Gewerkschaft Messel nieder. Nach den Zahlen im Geschäftsbericht schien zu diesem Zeitpunkt die Welt noch in Ordnung, zumal auch die Nachfrage nach Mineralölprodukten unvermindert anhielt. Doch die beginnende Inflation sorgte dafür, daß die Gewinne keine mehr waren. Es blieben noch nicht einmal die Mittel für

Unten rechts: Kesselhaus des ehemaligen Ölschieferwerkes.

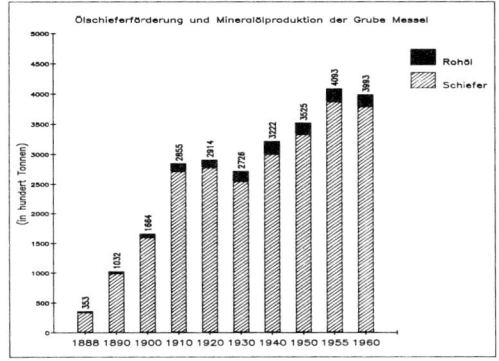

dringend nötige Instandsetzungen, geschweige denn für Investitionen.

So kam den Gewerken ein neuer, potenter Partner gerade recht. Es war der Großindustrielle Hugo Stinnes, der einem der damals größten deutschen Montankonzerne vorstand, der Hugo Stinnes Riebeck Montan und Ölwerke AG. Stinnes erwarb zunächst die Kuxenmajorität und übernahm schließlich im Oktober 1923 die Grube ganz. Sie wurde dem Riebeck-Konzern in Halle angegliedert und gelangte mit diesem nach dem Tode von Hugo Stinnnes 1925 in den Besitz der BASF. Handelsrechtlich existierte die Gewerkschaft Messel als selbstständiges Unternehmen noch bis zum 28. 12. 1937.

Die wirtschaftliche Anbindung an den potenten Partner sorgte für einen neuen Investitionsschub. Man modernisierte die technischen Anlagen und steigerte erneut den Abbau durch den Einsatz zusätzlicher Löffelbagger und den Ausbau des elektrisch betriebenen Kettenbahnsystems. Allerdings handelte man sich damit neue Probleme ein, denn es mußten immer größere Mengen Abraum, die aus Sanden bestehende Deckschicht über dem Ölschiefer und die bei seiner Verarbeitung entstehende Schlacke, bewältigt werden. Sie bekam man durch den Einsatz schmalspuriger Abraumzüge in den Griff. Die Kapazität der Schwelerei wurde auf 29 Öfen erweitert. 1938 baute man rund 336 000 t Ölschiefer ab, aus denen man ca. 21 800 t Rohöl, 2 600 t Ammonsulfat und 1 200 t Paraffin (und auch Benzin, »Hessol«) gewann. Diese Produktionszahlen konnten auch in den Kriegsjahren 1940 − 1944 in etwa gehalten werden. Um den Absatz brauchte man sich in diesen Jahren keine Sorgen zu machen. Am 24. und 25. März 1945 zerstörten zwei schwere Jagdbomberangriffe die Produktionsanlagen; Tagebau- und Abraumbetrieb blieben weitgehend ungeschoren.

Im Juli 1945 wurde die Grube Messel von der amerikanischen Militärregierung beschlagnahmt und ein Treuhänder benannt. Diese Beschlagnahmung endete am 31.12.1947. Das Werk wurde dem IG Farben Control Office in Frankfurt unterstellt und zu einem wirtschaftlich selbständigen Unternehmen, dem »Paraffin- und Mineralölwerk Messel US Administration«, erklärt.

Kleine, 21 cm lange Schlange.

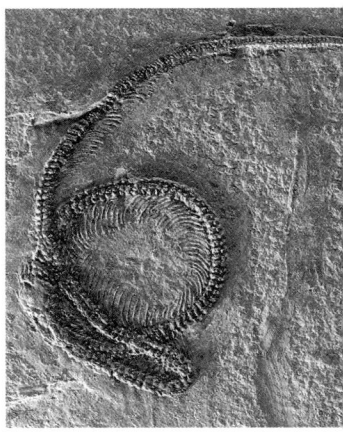

Bisher unbeschriebener Krallenfrosch; Länge 11 cm.

Der Wiederaufbau der zerstörten Anlagen begann unmittelbar nach Kriegsende. Ersatzteile beschaffte man sich auf dem Weg des Tausches gegen noch vorhandene Mineralölprodukte, wie einige Tonnen Ammonsulfat. So gelang die Wiederaufnahme einer bescheidenen Rohölerzeugung. Ab 1948 erhielt das Mineralölwerk Messel aus Mitteln des Europäischen Wiederaufbauprogramms (ERP) rund 1 Million DM zur Instandsetzung und Modernisierung. Bis 1949 waren alle Schwelöfen repariert. Man verlegte Förderbandstrecken im Tagebau und konnte damit den Abbau insgesamt wirtschaftlicher gestalten.

Doch das Messel-Öl sah sich ständig größerem Konkurrenzdruck ausgesetzt durch die Einfuhr des viel billigeren, direkt erbohrten Erdöls aus dem Nahen Osten, das auch in der Weiterverarbeitung wesentlich unproblematischer war. Außerdem waren die Anforderungen an die Qualität der Erdölprodukte allgemein gestiegen. Hatte man sich beispielsweise bei Benzin noch im Krieg mit 70 Oktan begnügt, wurden jetzt bei Normalbenzin 90 Oktan verlangt und bei Super sogar 96. Doch Benzin aus Messel-Öl ließ sich durch Zusätze von ursprünglich 70 auf höchstens 83 Oktan bringen: Zu wenig, um konkurrenzfähig zu sein.

In dieser Situation erinnerte man sich daran, daß Dr. Spiegel um die Jahrhundertwende Versuche veranlaßt hatte, aus dem Schwelrückstand Bausteine herzustellen. Sie waren damals bald wieder im Sande verlaufen. Doch jetzt, in der Nachkriegszeit, war der Bedarf an Baustoffen riesengroß. Außerdem gab es inzwischen ein Verfahren zur Herstellung eines sogenannten Porenbetons aus kieselsäurehaltigen Rohstoffen, das der schwedische Ytong-Konzern entwickelt hatte.

Versuche ergaben, daß sich dieses Verfahren auch auf die Messeler Verbrennungsschlacke mit ihren bis zu 50% Kieselsäure ($SiO_2$) anwenden ließ. Das Paraffin- und Mineralölwerk Messel nahm eine Lizenz und begann mit der Produktion. Im Juni 1952 verließen die ersten aus Ölschieferschlacke gefertigten Bauelemente die Fabrikation.

Bis dahin hatte sich die Lage auf dem Mineralölsektor für die ab 1954 selbständige Paraffin- und Mineralölwerk Messel GmbH weiter verschlechtert. Die Quellen des billigeren und besseren Nahost-Öls flossen immer reichlicher, während der Abbau des Ölschiefers in Messel immer schwieriger wurde. Besonders zu schaffen machte sein abnehmender Ölgehalt, der in den Randzonen des Vorkommens auf unter 7% fiel. Schiefer mit hohem Ölgehalt gab es immer noch im Zentrum. Aber dort war man inzwischen in 60 m Tiefe angelangt, auf der, bedingt durch den terassenförmig betriebenen Abbau, flächenmäßig stark reduzierten 6. Sohle.

1957 erreichte die Messel GmbH zum letzten Male ein positives Geschäftsergebnis auf der Mineralölseite. 5 Jahre später, 1962, wurde die Mineralölproduktion eingestellt; man konzentrierte sich ganz auf den Baustoffsektor. Folgerichtig kam es noch im selben Jahr zur Eingliederung der Messel GmbH in den Ytong-Konzern.

Mit der Einstellung des Schwelbetriebes mußte man sich nach einem neuen Rohmaterial für die Bauelemente umsehen. Zwar lagen riesige Mengen Schwelrückstände auf Halde. Doch sie waren zum Teil fest zusammengebacken und hatten sich mit Wasser vollgesogen. Das bedeutete, daß

man sie vor einer Verarbeitung aufbereiten mußte (Zerklei-
nern und Trocknen). Da war es weitaus billiger, auf Sand
als Grundstoff auszuweichen. Schlacke fand und findet
noch heute im Straßenbau und als Belagmaterial für Sport-
plätze Verwendung.

Schon 1963 wurden Schwelerei, Raffinerie und Ammonsul-
fatfabrik abgerissen und die Maschinen verschrottet. Die
seit 1962 rund 10 000 t jährlich abgebauten Ölschiefers
dienten der Energieversorgung der Ytong-Produktion, bei
der auch das Wasser, das sich nach Einstellung des groß-
flächigen Abbaus in der Grube sammelte, Verwendung
fand. 1971 wurde der Ölschieferabbau ganz eingestellt.

Der Abbau von Messeler Schichten, die ja, wie bereits gesagt, nicht auf Messel beschränkt sind, wurde auch an-
dernorts versucht: Auf Ölschiefer bauten »Maria« bei Offenthal (entdeckt 1884), »Zimmern« auf der Gemarkung
Groß-Zimmern und Gundershausen (1894), »Prinz von
Hessen« nahe dem Forsthaus Einsiedel im Darmstädter
Stadtwald (1909). Ein Abbau dieser wesentlich kleineren
Lagerstätten erschien nur im Grubenfeld »Prinz von Hessen« zeitweise lohnend.

## Bergtechnische Daten

Nach CHELIUS (1886) brennt der Ölschiefer vor dem Lötrohr
mit leuchtender und rußender Flamme. Der Rückstand ist
grauweiß oder rötlich; bei stärkerer Erhitzung schmilzt er
zu einer grünlich-glasigen Schlacke.

Die nachfolgenden Erläuterungen der bodenphysikali-
schen Kennwerte beruhen nach RAAB (1980) auf Erkenntnissen von BRAUN (1960): Der Messeler Ölschiefer besitzt ein
Raumgewicht zwischen 1,25 t/m$^3$ (trocken) und 1,40 t/m$^3$
(feucht). Bei einem Porenvolumen von etwa 32% zeigt sich
der Ölschiefer bei 25% Wassergehalt gesättigt und weicht
bei höherem Wassergehalt auf. Er enthält im Mittel ca. 40%
Wasser (absolut 35 − 50%), ca. 25% organische Substanz
und 35% (30 − 38%) Asche. Der untere Heizwert schwankt
zwischen 1000 und 1700 kcal/kg, der Gehalt an flüchtigen

Bestandteilen zwischen 17 und 24%. Die Ölausbeute schwankt sowohl lagenweise wie auch in seitlicher Erstreckung beträchtlich (zwischen 5,3 — 19,4%) und liegt im Schnitt bei 8% (DÖRTELMANN 1950). In bergbaulicher Hinsicht ist vor allem die große Plastizität des Ölschiefers von Bedeutung. Er reagiert damit außerordentlich leicht auf tektonische Beanspruchung. Daneben treten ausgedehnte Gleit-Kriech-Rutschungen mit teilweise enormen Massenbewegungen auf, die von den Verfassern während der Arbeiten vor Ort bis heute immer wieder beobachtet werden konnten.

Der extrem hohe Wassergehalt des Messeler Ölschiefers führt bei der Bergung und Präparation der darin eingebetteten Fossilien zu nicht unerheblichen Problemen, wie mehrfach dargelegt: KOPPE (1975), EIKAMP (1977), WALCH (1977), LIPPMANN & WIEMER (1979). Darauf wird in einem eigenen Abschnitt noch genauer eingegangen.

# Messel und die Paläontologie

Im Januar 1876 berichtet das »Notizblatt des Vereins für Erdkunde und des Mittelrheinischen Geologischen Vereins«, daß im Dezember des vergangenen Jahres im Bereich des entstehenden Tagebaues »Kopf und größere Teile des Körpers sowie viele Panzertheile eines Crocodil's« gefunden wurden. Der Autor dieser Notiz, LUDWIG, veröffentlichte wenig später, 1877, eine Monographie über die tertiären Krokodile des Mainzer Beckens unter Berücksichtigung der Funde in Messel.

Der mit zunehmender Intensität betriebene Abbau förderte weitere Fossilien zu Tage, die jedoch kaum oder nur unzureichend wissenschaftlich ausgewertet wurden. Das hatte mehrere Gründe. Die Fossilien waren Zufallsfunde und nicht das Ergebnis wissenschaftlicher Grabungen und ihr Erhaltungszustand ließ sehr zu wünschen übrig: Die Gelehrten konnten mit den fragmentarischen Lebenszeugnissen, die ihnen von Dr. Spiegel immer wieder zur Verfügung gestellt wurden, wenig anfangen. Hinzu kam, daß man damals keine Methode kannte, die Fossilien dauerhaft zu konservieren. Trocknete der Ölschiefer aus, zerfielen mit ihm die darin eingebetteten Fossilien. Immerhin reichte die Zahl der geborgenen Stücke aus, der Grube Messel in der Paläontologie einen gewissen Ruf zu verschaffen.

ANDREAE beschrieb 1893/94 die Fischarten *Amia kehreri* und *Lepisosteus* (heute *Atractosteus) strausi*. WITTICH 1898 den ibisähnlichen Vogel *Rhynchaites messelensis*, v. REINACH 1900 die Schildkröte *Trionyx*. Weitere Fossilien aus diesen Jahren nennt die Floren- und Faunenliste (s. S. 74).

*Rhynchaites messelensis*, ein rallenähnlicher Vogel; Länge 30 cm.

1911 stellte HAUPT vom Hessischen Landesmuseum die
Messeler Fossilien anhand eines der ersten Urpferdchenfunde (*Propalaeotherium*) in das geologische Zeitalter des
Eozäns (unteres Lutetium). 1917 veröffentlichte REVILLIOD
seine Arbeit über die Fledermäuse und bearbeitete MEU-
NIER die Messeler Flora.
Als der Abbau des Ölschiefers mechanisiert wurde, nahmen die Fossilfunde zwangsläufig stark ab. Sie hörten jedoch dank eines paläontologischen Überwachungsdien-
stes, den die Gewerkschaft Messel eingerichtet hatte, nie
ganz auf. Es waren vor allem die Wissenschaftler WEITZEL
und TOBIEN, beide am Hessischen Landesmuseum tätig, die
in den Jahren 1939 bis 1968 dafür sorgten, daß Messel in
der Paläontologie nicht ganz in Vergessenheit geriet. So beschrieb u. a. WEITZEL das Nagetier *Ailuravus macrurus* und
TOBIEN die Insektenfresser.
Mit der Reduzierung des Abbaus wurden erstmalig 1966/67
systematische wissenschaftliche Grabungen durch das
Hessische Landesmuseum möglich. Damit waren die Fossilien nicht länger mehr »Abfallprodukt«, sondern das Ziel
der Arbeit. Doch nicht nur diese erste wissenschaftliche
Grabung, auch der Einsatz einer kleinen Gruppe von Amateurpaläontologen, die etwa ab 1968 in der Grube Messel
erfolgreich nach Fossilien suchte, machte die Öffentlichkeit und die Wissenschaft auf die Bedeutung des Ölschiefers aufmerksam, der Lebensspuren aus jenem entschei-
denden Zeitraum bewahrt, in dem sich die Säugetiere entwickelten.
Maßgebend für den Erfolg der Amateure waren Begeiste-
rungsfähigkeit und Ausdauer. In der Grube Messel war und
ist es nicht damit getan, einige Ölschieferplatten aus dem
Gesteinsverband zu lösen und auf Fossilien zu untersu-
chen. Wirklich bedeutende Funde setzen voraus, daß man
erhebliche Mengen Gesteins durcharbeitet. Oft genug ist
auch nach 50 Kubikmetern und mehr das Ergebnis alles
andere als befriedigend. Das bedeutet enormen körperli-
chen Einsatz. Er sorgte unter den vielen Amateuren, die
sich für Messelfossilien interessierten, schnell für eine Aus-
lese. Doch die kleine Gruppe, die sich so herauskristalli-
sierte, betrieb die Fossilsuche um so hartnäckiger und damit letztlich auch erfolgreich.

Schlammfisch *Amia kehreri*;
Länge 25 cm.

Und aus dieser Gruppe kam auch die Idee, ein neues Konservierungsverfahren anzuwenden, und zwar das von KÜHNE 1962 beschriebene, ursprünglich in England entwickelte Gießharz-Umbettungsverfahren. Seine Verfeinerung und konsequente Anwendung auf die Fossilien aus der Grube Messel bedeutete den Durchbruch bei ihrer Konservierung. Von jetzt an war es möglich, Funde auf Dauer zu festigen und aufzubewahren und so für die wissenschaftliche Bearbeitung zur Verfügung zu halten. Damit waren auch erstmalig Ausstellungen möglich, die die großartigen Funde einer breiteren Öffentlichkeit bekannt machten.

Daß damit nicht nur das eher zögernde Interesse der Wissenschaft an den Messeler Fossilien verstärkt, sondern auch Begehrlichkeit und finanzielle Habgier geweckt wurden, war ein gewiß unbeabsichtigter Nebeneffekt. Angeblich für Messelfossilien erzielte Fantasiepreise lösten eine Art Goldrausch aus. Am Wochenende stürmten regelmäßig zwei- bis dreihundert, vielfach unzureichend ausgerüstete und unqualifizierte »Fossiliensammler« die Grube. Die Konsequenz war, daß die Grube 1974 für die Öffentlichkeit gesperrt wurde. Daran hat sich bis zum heutigen Tage nichts geändert.

Das absolute Betretungsverbot traf auch jene kenntnisreichen Amateure der ersten Stunde, die sich inzwischen zu einer Geologisch-paläontologischen Arbeitsgemeinschaft Grube Messel e. V. (AGM) zusammengeschlossen hatten. Zwar bestritt das Senckenbergmuseum in Frankfurt seine erste Messelausstellung zum größten Teil mit Fossilien, die Mitglieder der Gruppe geborgen hatten. Aber zu der in Aussicht gestellten Zusammenarbeit auch bei der Fossilbergung kam es nicht.

Ab 1975 intensivierten verschiedene Museen, allen voran das Senckenbergmuseum, ihre systematischen Grabungen. Es gelang der Gruppe um Dr. Jens Lorenz FRANZEN, mit hohem personellen und finanziellen Aufwand eine Vielzahl von Fossilien zu bergen, die bisher aus Messel nicht bekannt gewesen waren; so zum Beispiel den Paarhufer *Messelobunodon*. Die Mitarbeiter des Senckenbergmuseums führten spezielle Untersuchungen durch und rekonstruierten das eozäne Biotop um den ehemaligen Messeler See. Sie wiesen mehrere Leithorizonte im Ölschiefer nach. Dies sind charakteristische, bis mehrere Zentimeter mächtige Schichten aus feinstkörnigem Material, das vom Ölschiefer abweicht. Sie erlauben die Korrelation, das heißt die altersmäßige Zuordnung von an unterschiedlichen Stellen ergrabenen Schichten und damit den zeitlichen Vergleich der Fundstellen in der Grube.

Auch das Hessische Landesmuseum in Darmstadt verstärkte seine Aktivitäten. Sie führten zum ersten Primatenfund, den v. KOENIGSWALD 1979 beschrieb.

Bis 1986 haben folgende in- und ausländische Museen und Forschungsinstitute in der Grube Messel Grabungen durchgeführt: Hessisches Landesmuseum, Darmstadt; Forschungsinstitut und Naturmuseum Senckenberg, Frankfurt/M.; Landessammlungen für Naturkunde, Karlsruhe (sowie die NAOM e. V. in deren Auftrag); Institut Royal des Sciences Naturelles de Belgique, Brüssel; Geologisch-Paläontologisches Institut der Universität Hamburg; Naturkunde-Museum der Stadt Dortmund.

Das Ansehen, das die Amateure der AGM durch ihre Pionierarbeit erworben hatten, war leider nur allzubald dahin, als Raubgräber die wissenschaftlich pläontologischen Grabungen verwüsteten. Es dauerte einige Zeit, bis man auf Seiten der Wissenschaft zu differenzieren lernte. Als einer

Wissenschaftliche Grabung
im Frühjahr 1986.

der ersten war zur notwendigen Unterscheidung Dr. FRANZEN bereit; so in seiner Rede zur Eröffnung der Sonderausstellung des Senckenbergmuseums »Urpferdchen und Krokodile, Messel vor 50 Mio. Jahren«, am 27. 3. 1977, nachzulesen in Kleine Senckenberg-Reihe Nr. 7, Seite 9−12, erschienen 1982.

Doch eine reale Beteiligung der Amateure an den Grabungen wurde weiterhin abgelehnt. Sie kam erst zustande, als der Plan, aus der Grube Messel eine Mülldeponie zu machen, Gestalt annahm. So graben seit einiger Zeit Mitglieder der NAOM (Naturwissenschaftliche Arbeitsgemeinschaft Obertshausen-Mosbach e. V.), die 1984 mit dem Umweltpreis des Landkreises Offenbach ausgezeichnet wurde, für die Landessammlungen für Naturkunde in Karlsruhe und für das Institut Royal des Sciences Naturelles de Belgique, Brüssel. Dazu gelang es beiden Instituten, kennt-

nisreiche Amateure aus der Messeler Pionierzeit für eine ebenfalls ehrenamtliche Grabungstätigkeit zu gewinnen. Die beiden Grabungsgruppen sind vornehmlich an den Wochenenden tätig. Sie genießen die kooperative Unterstützung durch den Zweckverband Abfallverwertung Südhessen, durch die Firma Ytong, durch das Bergamt Weilburg und durch Dr. R. Heil, Abteilungsleiter am Hessischen Landesmuseum, das die Grabungstätigkeit aller Museen koordiniert. Die ständige Präsenz von Grabungsgruppen in der Grube sowie regelmäßige Kontrollen durch die Polizei haben inzwischen der Raubgräberei faktisch ein Ende gesetzt.

Die Zusammenarbeit der beiden Institute aus Karlsruhe und Brüssel mit Amateuren hat sich bisher bestens bewährt und eine große Zahl spektakulärer Funde gebracht. Es bleibt zu hoffen, daß weitere Institute im Interesse der Wissenschaft auf eine solche Unterstützung ihrer Arbeit nicht länger verzichten.

Eine Schildkröte der Gattung *Palaeochelys*, mit Kopf und Gliedmaßen; Länge 35 cm.

# Mülldeponie Messel

Messel liegt im Ballungsgebiet Südhessen, das wie alle anderen allzu dicht besiedelten Räume der Bundesrepublik seine speziellen Probleme hat. Eines der drängendsten ist das der Abfallbeseitigung. So wurde die Grube nach Einstellung des Abbaus sehr bald in Überlegungen zur Müllentsorgung einbezogen. 1974 schlossen sich die Stadt Darmstadt und der Landkreis Darmstadt-Dieburg zu einem Zweckverband Abfallbeseitigung Grube Messel, heute Zweckverband Abfallverwertung Südhessen (ZAS), zusammen. Er kaufte 1975 das Grundstück der Grube Messel und begann nach Abschluß der Planungen mit dem Ausbau der Grube zur Mülldeponie. Sie soll Schlacke, Klärschlamm und nichtbrennbare Abfälle aufnehmen, die nach dem heutigen Stand der Technik nicht wieder zu verwerten und zur untersten Gefahrenkategorie zu rechnen sind. Nach den Planungen soll die Kapazität der Grube für 30 Jahre ausreichen. Sie wird dann bis über den heutigen Rand hinaus verfüllt sein.

Kaum waren die Pläne, Messel zur Mülldeponie zu machen, bekannt geworden, regte sich erheblicher Widerstand bei Anliegern, Fossiliensammlern und Paläontologen des In- und Auslands. Ihre Argumentation stützt sich auf folgende Kernpunkte:

Durch die besondere geologische, tektonische und hydrologische Situation der Grube Messel ist die Betriebssicherheit der Deponie nicht gewährleistet. Es sind beispielsweise Grundwasserbeeinträchtigungen zu befürchten und damit eine Gefährdung der Bevölkerung der umliegenden Gebiete. Hinzu käme eine ständige Geruchs- und Lärmbelästigung der Anlieger. Ablagerung bedeutet nur ein Hinausschieben des Müllproblems. Es läßt sich auf Dauer nur durch Recycling, durch Wiederverwertung der Abfälle,

lösen. Das Auffüllen der Grube Messel könnte schon in wenigen Jahren überflüssig sein. Es geht nicht an, kurzsichtig vollendete Tatsachen zu schaffen und sich den Weg für eine bessere Lösung zu verbauen.

Der Streit beschäftigte das Verwaltungsgericht Darmstadt. Es entschied 1981 zugunsten der Mülldeponie. Seitdem läuft der Ausbau, nur kurzfristig unterbrochen durch zum Teil gerichtlich erwirkte Baustops. Die unschätzbare wissenschaftliche Bedeutung der Grube Messel als Fossilfundstelle konnte vom Gericht nicht oder nur unzureichend in die Entscheidung einbezogen werden, da aus dem Kreis der Fachpaläontologen und Museen keine gerichtlichen Schritte gegen die Einrichtung der Mülldeponie eingeleitet wurden. Doch bewirkten paläontologische Ausgrabungserfolge und intensive Öffentlichkeitsarbeit der Museen wenigstens, daß der Planfeststellungsbeschluß festlegte, einen Teil der Grube für paläontologische Grabungen freizuhalten.

Dieses ohne Zweifel große Entgegenkommen des ZAS ändert aber nichts an der Tatsache, daß nach Inbetriebnahme der Deponie eine Fossilfundstelle, die einmalig in der

Welt ist, größtenteils nicht mehr zugänglich sein wird und — ausgenommen ein Restareal am Rande — unter Müll verschwindet. Was damit der Wissenschaft verlorengeht, beleuchtet schlaglichtartig die Erfahrung, daß man mit 50%iger Sicherheit unter den Säugetierfunden eines Grabungsjahres eine bisher nicht bekannte Art erwarten darf. Andererseits — Ironie des Schicksals — war es gerade die Tätigkeit des ZAS, die bisher unzugängliche, weil wasserbedeckte Ölschieferbereiche der Untersuchung zugänglich machte. Man ist versucht, überspitzt zu sagen: Ohne Müll wäre die wissenschaftliche Bedeutung der Grube Messel heute noch nicht in ihrem vollen Umfang erkannt.

Es bleibt abzuwarten, ob auf politischem Wege eine Lösung des Konflikts gefunden werden kann. Das »Recht« ist auf Seiten des ZAS. Es mag trotzdem gelingen, die Grube Messel von Müll freizuhalten. Dann müssen aber all die kostenintensiven Maßnahmen, die erst die paläontologischen Grabungen ermöglichen (Entwässerung, Abraumentfernung usw.) von anderer Seite übernommen und finanziert werden. Nur dann kann die Grube Messel weiterhin ein Gewinn für die Wissenschaft sein.

# Die Entstehung der Ölschieferlagerstätte

## Das Zeitalter des Eozäns

Der Messeler Ölschiefer kam im Eozän zur Ablagerung, dem zweitältesten Abschnitt der geologischen Periode des Tertiärs, das zusammen mit dem Quartär das Känozoikum (Erdneuzeit) bildet. Den Beginn des Eozäns setzen die Geologen mit 54 bis 53 Millionen Jahre vor heute an, sein Ende mit 38 bis 37 Millionen Jahren vor unserer Zeit. Diese rund 16 Millionen Jahre sind ihrerseits in ein oberes, mittleres und unteres Eozän gegliedert. Die Ölschieferlagerstätte Messel enstand nach dem heutigen Stand der Forschung im mittleren Eozän, dem sogenannten Lutetium, und ist rund 50 Millionen Jahre alt.

Der aus dem Griechischen abgeleitete Name »Eozän« bedeutet soviel wie »Morgendämmerung des Neuen (Lebens)«. Geprägt hat ihn der englische Wissenschaftler Charles LYELL (1797 − 1875), der beobachtet hatte, daß in dieser Zeit besonders viele neue Molluskenformen auftraten. Doch nicht nur die Weichtiere, auch und vor allem die Säugetiere erlebten damals eine geradezu explosionsartige Entwicklung.

Vor 50 Millionen Jahren sah es in Europa ganz anders aus als heute. Die Alpen gab es noch nicht, das Klima war viel ausgeglichener und weit wärmer, fast tropisch. Im Süden grenzte an die Landmasse, die grob dem heutigen Europa entsprach, der weltumspannende Ozean Tethys, im Osten lag die westsibirische Meeresstraße, im Norden der Arktische und im Westen der Atlantische Ozean. Offenbar bestand, zumindest zeitweise, über Schottland, die Faröer, Island, Grönland und Ellesmere-Island eine Landverbindung nach Nordamerika. Das Ende des Eozäns markiert eine erhebliche Klimaverschlechterung. In Mitteleuropa wurde es zunehmend kühler und trockener, Fauna und Flora erfuhren einen tiefgreifenden Wandel.

Es gibt noch einige andere bekannte Fossilfundstellen aus dem Eozän. Die wohl wichtigste ist das Geiseltal bei Halle in der DDR, ein mit Messel vergleichbares Vorkommen von tonigen Braunkohleablagerungen, die in einem Sumpfgebiet entstanden.

Im Geiseltal wurde seit 1925 systematisch nach Fossilien gegraben. Angesichts dieses langen Forschungszeitraumes übertreffen die Ergebnisse alles, was bisher aus Messel bekannt ist. So hat man alleine fünf(!) verschiedene Arten von Halbaffen (Messel bisher eine) und neun Pferdearten (Messel bisher zwei) gefunden. Das läßt ahnen, welche Schätze der Messeler Ölschiefer noch bergen mag, obwohl die Ablagerungen im Geiseltal wohl einen längeren Zeitraum umfassen als die von Messel.

Ebenfalls aus dem Eozän stammen die kalkigen Ablagerungen mehrerer großer Süßwasserseen im US-Bundesstaat Wyoming, die insbesondere durch ihren Reichtum an gut erhaltenen Fischen auch unter Sammlern bekannt sind. Die marine Fischfauna dagegen überliefern Ablagerungen bei Bolca in Norditalien.


## Messel im Eozän

Ihre heutige Ausprägung, die durch den Gegensatz von Sprendlinger Horst und Oberrheingraben bestimmt ist, erfuhr die weitere Umgebung der Grube Messel erst vor rund zwei Millionen Jahren, gegen Ende des Tertiärs. Das Messeler Gebiet im Eozän stellt man sich als schwach bewegte Landschaft vor, mit einem ausgedehnten Gewässernetz von Flußläufen, die Süßwasserseen verbanden (TOBIEN 1962). Die generelle Fließrichtung dieses Gewässernetzes scheint anders als heute gewesen zu sein. Für den Eozänsee Messel konnte FRANZEN (1978) NNW – SSE gerichtete Strömungen nachweisen. Es gab nach dem gegenwärtigen Kenntnisstand zwei Zuflüsse, die im Nordwesten und Nordosten des heutigen Tagebaus lokalisiert werden konn-

*Thaumaturus intermedius*, ein kleiner Knochenfisch; Länge 7 cm.

ten. Zumindest der jüngere, nordwestliche Zufluß scheint zeitweise den Eozänsee mit einem Fluß in der Nähe direkt verbunden zu haben. Dies ergibt sich daraus, daß im Bereich seiner rekonstruierten Mündung Fossilarten zu finden sind, die auf schnell fließendes, sauerstoffreiches Wasser schließen lassen. Es sind der kleine lachsähnliche Fisch *Thaumaturus intermedius* und die Wohnröhren von Köcherfliegenlarven (Trichoptera), deren Häufigkeit in Richtung Zufluß extrem zunimmt. Man kann daraus schließen, daß die Arten nicht im See selbst lebten, sondern vom Fluß hineingeführt wurden.

Das entscheidende Indiz dafür, daß der beschriebene Zufluß die direkte Verbindung zwischen dem strömungsarmen See und einem schnellfließenden Fluß herstellte, lieferte nicht ein spektakulärer Fossil-Großfund, sondern eine von LUTZ entdeckte und 1985 beschriebene kleine und recht unscheinbare Insektenlarve. Es handelt sich um die Larve des Käfers *Eubrianax*, eine extrem angepaßte Form, die heute noch in sehr sauerstoffreichem und schnellfließendem bzw. bewegtem Wasser in Afrika vorkommt. Bevorzugtes Biotop der rezenten Larven sind die Geröllbereiche in Stromschnellen und die felsigen Brandungszonen der großen afrikanischen Seen, wo die Käferlarven eng an die Unterseite der Steine geschmiegt den Algenaufwuchs abweiden. Die in Messel gefundenen, knapp einen Zentimeter langen fossilen Larven unterscheiden sich äußerlich nicht von ihren rezenten Nachfahren. Das läßt auf identische Biotope schließen.

Rackenähnlicher Vogel;
25 cm. Foto: K. A. Frickhinger.

Aus der perfekten Überlieferung der *Eubrianax*-Larven —
selbst der sie umgebende feine Borstensaum ist erhalten —
muß man folgern, daß der Transportweg von ihrem Lebensraum bis zum Messeler See nicht sehr weit gewesen
sein kann. Und noch etwas verraten die *Eubrianax*-Larven:
Es müssen immer wieder Hochwasser aufgetreten sein, die
sie zusammen mit vielen anderen Kleinfossilien (Früchte,
Blätter, Insekten) aus ihrem bevorzugten Lebensraum in
den See schwemmten.

Auch zu den anderen eozänen Seen, markiert durch die
Ölschiefervorkommen bei Offenthal (Grubenfeld »Maria«)
und Eppertshausen (Grubenfelder »Eugen« und »Max«),
dürften Verbindungen bestanden haben (FRANZEN 1978,
1979). Jedenfalls setzt das Vorkommen der achtzig Zentimeter großen räuberischen Ganoid-Fische *Amia* und
*Atractosteus* sowie verschiedener Krokodilarten, die alle-
samt ein ausgedehntes Jagdgebiet benötigen, eine gewisse
Weiträumigkeit des damaligen Biotops voraus.

Die in Messel nachgewiesenen Tierarten und Pflanzen erlauben die Rekonstruktion einer üppigen subtropischen
Vegetation mit urwaldartigem Charakter und einer artenreichen Fauna. Sie bestätigt, daß im mittleren Eozän im Gebiet von Messel bzw. in »Europa« eine wesentlich höhere
Durchschnittstemperatur als heute geherrscht haben
muß. Für das Eozän-Becken von London, das nördlicher
als Messel liegt, wird eine mittlere Jahrestemperatur von
21° C angenommen; das jetzige Jahresmittel im Bereich
von Messel beträgt dagegen nur etwa 9° C. Auch ist nicht
auszuschließen, daß Messel im Eozän, bedingt durch die
Kontinentaldrift, um einiges südlicher lag als heute.

Entstanden ist der Messelsee in einem tektonisch bedingten Grabenbruch aus dem frühen Eozän.

Daß wir uns heute ein genaues Bild von den ökologischen
Verhältnissen des eozänen Sees machen können, verdanken wir den beispielhaften Untersuchungen von IRION
(1977) und FRANZEN (1977): Der wahrscheinlich nie mehr als
einige Zehnmeter tiefe See wies zwei recht unterschiedliche Zonen auf. Bis in etwa fünf Meter Tiefe reichte die vitale Zone. In ihr herrschte Eutrophie mit einem reichen
Nahrungsangebot. Entsprechend den sehr guten Lebensbedingungen war die vitale Zone von den verschiedensten

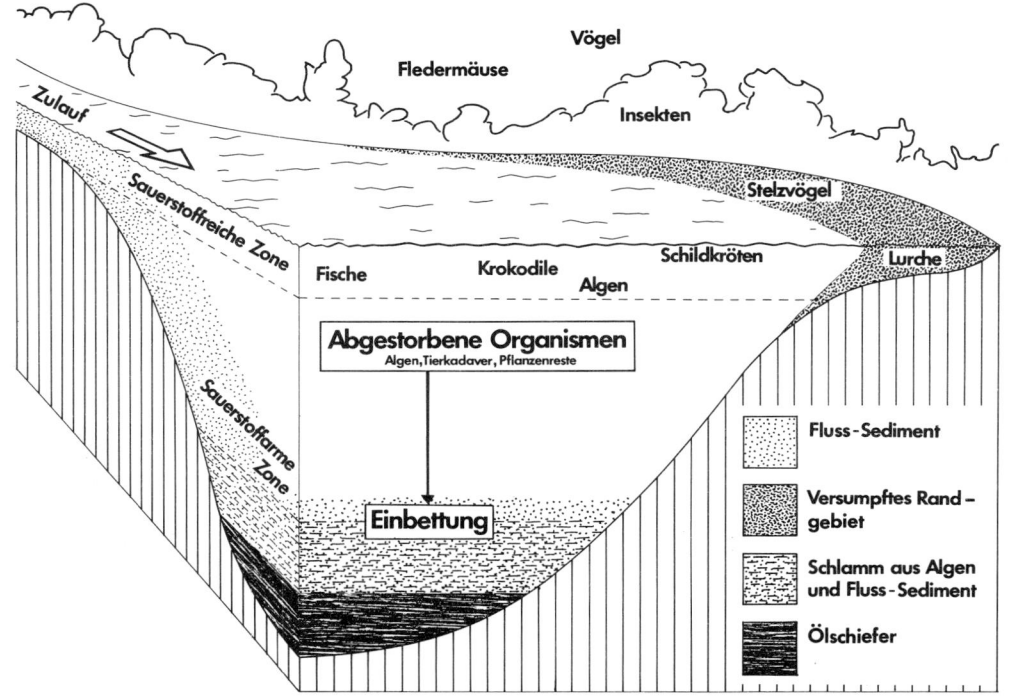

Schemaskizze der Lebens-
und Einbettungsräume im
eozänen Messel-See.

Wassertieren bevölkert. Weiter charakterisierte diese Zone eine erhebliche Produktion von Biomasse, vorwiegend in Form der schon erwähnten Algen (Botryococcaceae), deren Wachstum noch durch das tropische bis subtropische Klima begünstigt wurde.

In der zweiten Zone des Messeler Sees, der Wasserschicht über dem Seegrund, herrschten ausgesprochen lebensfeindliche Verhältnisse. Hier, im sogenannten Hypolimnion, fehlte Sauerstoff so gut wie ganz und konnten nur noch anaerobe, also vom lebensspendenden Sauerstoff unabhängige Bakterien existieren. Schwefelwasserstoff, Ammoniak, Kohlendioxid und Methan waren die bestimmenden anorganischen Bestandteile dieses Bereichs. Den Grund dafür vermutet man in schlechter Durchlüftung dieser Wasserschichten infolge geringer Wasserbewegung.

Es ist dieses Hypolimnion, dem wir den Ölschiefer und die guterhaltenen Fossilien verdanken. Was an Biomasse, d. h. Pflanzenteilen und abgestorbenen Tieren auf den Grund des Sees sank, wurde nicht gefressen und auch nicht oder nur unvollkommen zersetzt, da der dazu nötige Sauerstoff fehlte. Aus der Biomasse und dem See zugeführten »Schmutz«, d. h. feinsten Gesteinspartikelchen, entstand eine faulschlammartige Masse. Sie setzte sich zusammen mit Tontrübe am Seegrund ab und verfestigte sich später mit den über die Zuflüsse herbeigeführten Stoffen zu Öl-schiefer. Man hat berechnet, daß sich auf diese Weise in et-wa 1000 Jahren eine 10 cm mächtige Schicht bildete. Der Geologe spricht von einer Sedimentationsrate. Geht man von dem genannten Wert aus, entstand das einhundert-neunzig Meter mächtige Ölschieferflöz in rund 2 Millionen Jahren. Der eozäne Messelsee verlandete schließlich, wie die oberflächennahen Braunkohlebildungen verraten.

Soweit die wissenschaftlichen Fakten. Eine Vorstellung, wie es vor 50 Millionen Jahren in der Gegend von Messel ausgesehen haben könnte, vermittelt uns Josef AUGUSTA. Auf seine Darstellung stützt sich die folgende Schilderung: Durch einen ausgedehnten Urwald windet sich träge in endlosen Schlingen ein breiter Fluß. Zu bestimmten Zeiten des Jahres besonders ergiebige und anhaltende Regenfälle lassen ihn über die Ufer treten. Und dann überfluten seine Wasser weite Gebiete des Urwalds und lassen auch die vie-len Seen anschwellen. Doch ist die Regenzeit erst vorüber, geht unter der glühenden Tropensonne die Überflutung ebenso rasch zurück, wie sie gekommen ist.

Aus dem feuchten, mit dicken grünen Moospolstern be-deckten Urwaldboden sprießen die Wedel großer Farne und leuchten in reinstem Weiß die tütenförmigen Blüten der Aronstabgewächse. Die Ufer des großen Sumpfes be-deckt eine reiche Vegetation von Sumpfpflanzen. Auf sei-nem dunklen Wasser öffnen im grünen Ring ihrer Blätter Seerosen die prachtvollen Blüten und wenden sie den brennenden Strahlen der Sonne zu. Von den in den Stür-men der Regenzeit gestürzten Urwaldriesen steigt Moder-duft auf; ihre Stämme tragen vielfach schon einen grünen Überzug. Doch noch bietet das Gewirr ihrer Zweige und Wurzeln vielen Tieren Unterschlupf.

Auch einen See erspähen wir in dem grünen Teppich des Urwalds. Von zwei Seiten speisen ihn Zuflüsse, in denen viele, uns heute fremd anmutende, inzwischen ausgestorbene Fische leben. Sie teilen den Lebensraum mit urtümlichen Amphibien und wassergebundenen Reptilien sowie einer Menge von Wasservögeln. Dort, wo sich in der Nähe des Sees der Urwald öffnet, finden wir freie Grasflächen und trockene, feste Erde. Sie ist bedeckt mit einem geschlossenen Teppich sattgrüner, niedriger Gräser, belebt von Blüten in den verschiedensten Farben. In hohen Büschen geben sich unzählige Insekten ein Stelldichein und versprechen reiche Beute für Insektenfresser.

Im dichten Wurzelwerk eines Baumes lauert schattenhaft ein primitives Raubtier. Es wittert all die vielen Tiere, die zum Trinken an den großen See kommen. Auch die kleinen, knapp einen halben Meter hohen Urpferdchen (*Propalaeotherium*), die noch kaum Ähnlichkeit mit ihren Nachfahren, den Pferden unserer Tage haben.

Strahlende Morgen erheben sich über diese Landschaft, stille Dämmerungen legen sich am Abend schweigend darüber: Das Zeitalter der »Morgenröte«, die Blütezeit der Säugetierentfaltung, nimmt seinen Anfang.

Großer Stelzvogel;
Länge 65 cm.

# Fossillagerstätte Grube Messel

Der Messeler Eozänsee war Sammelbecken für ertrunkene, eines natürlichen Todes gestorbene oder sonstwie ums Leben gekommene Tiere (FRANZEN 1983). Zu den Tieren, die Dauerbewohner des Messeler Sees (Fische) oder der ufernahen Region (Schildkröten, Krokodile, Amphibien) waren, kamen auch Tiere aus der näheren und weiteren Umgebung des Sees (Echsen, Säugetiere), wobei die zuletzt genannten sehr wahrscheinlich als Kadaver über die Zuflüsse in den See gelangten. Es fällt auf, daß auch Tiere, die den Luftraum über dem See (Vögel, Fledermäuse) bevölkerten, relativ häufig fossil erhalten sind. Ein Erklärungsversuch sieht die Ursache im See selbst, über dem sich örtlich und zeitlich begrenzt eine lebensfeindliche Atmosphäre aus giftigen Gasen gebildet haben könnte, so daß er für fliegende Tiere regelrecht zur Falle wurde. Die Entstehung solcher Gasglocken könnte entweder auf vulkanische oder auf Entgasungsvorgänge aus dem See selbst zurückzuführen sein. Vögel und Fledermäuse, die in die Gaswolken gerieten, wurden betäubt, stürzten ins Wasser (FRANZEN, WEBER, WUTTKE 1982) und ertranken.

Im See sanken die Kadaver recht schnell in den Bereich des Hypolimnions, wo sie der zersetzenden Wirkung des Sauerstoffs entzogen waren. Und die feine, bitumenähnliche Tontrübe am Seegrund sorgte dann für eine endgültige Konservierung. Es gab ja in dem lebensfeindlichen Milieu am Grund des Messeler Sees auch keine Bodenbewohner, die wühlend oder fressend die zur Ruhe gekommenen Tierleichen noch hätten beschädigen oder zerstören können. Nur diese einmaligen Umstände erklären den einzigartigen Erhaltungszustand der Messeler Fossilien.

So sind dann z. B. vollständige Skelette überliefert, was vor allem bei höheren Lebewesen die Ausnahme ist. Gewöhnlich müssen sich Wissenschaftler und Sammler mit mehr oder weniger großen Bruchstücken begnügen, die aus ihrem ursprünglichen Zusammenhang gelöst sind. Der Messeler Ölschiefer birgt vielfach so gut erhaltene Skelette, daß man nicht nur die Gestalt der Tiere rekonstruieren, sondern auch Aussagen z. B. über den Ablauf ihrer Bewegungen machen kann. Und fast schon von einer Sensation darf man sprechen, wenn sich Weichteile in Spuren erhalten haben. Von nicht wenigen Fossilien aus der Grube Messel kennt man »Hautschatten«, Haare, Federn und sogar den Mageninhalt. Er läßt sich analysieren, so daß man erfährt, was die Tiere gefressen haben und, daraus folgernd, wie ihr Lebensraum beschaffen war. Natürlich ist nicht die ursprüngliche, organische Substanz erhalten, ist beispielsweise der »Hautschatten« nicht mehr Haut. So wies WUTTKE (1983) nach, daß der Hautschatten um das fossile Skelett, der den Körperumriß, aber auch einzelne Organe, Gefieder und Haare nachzeichnet, aus lithifizierten, d. h. »versteinerten« Mikroorganismen besteht. Diese Mikroorganismen, wahrscheinlich Bakterien, zersetzten bei den Kadavern auf dem Grund des Sees die Weichteile einschließlich des Keratins (Haare, Federn), starben dann nach getaner Arbeit am Ort der Tat selbst ab und fossilisierten. Woher diese Mikroorganismen kamen, kann man bisher nur ver-

Rallenähnlicher Vogel mit Federerhaltung; Länge 31 cm.

Ausschnitt aus dem Gefieder des auf der linken Seite abgebildeten Vogels.

muten. Vielleicht gelangten sie mit den toten Lebewesen selbst in die Tiefe (Darmbakterien); es könnten aber auch sogenannte anaerobe Bakterien gewesen sein, die im sauerstofflosen Grundbereich des Sees gelebt haben.

Ist schon die beschriebene exzellente Erhaltung des einzelnen Fossils einmalig, so wird der wissenschaftliche Wert der Fundstelle Messel noch gesteigert durch die Vielzahl und Vielfalt der Fossilien. Der Ölschiefer birgt nämlich eine fast vollständige eozäne Lebensgemeinschaft von Mikroorganismen über Pflanzen jeglicher Art bis hin zum mehrere Meter großen Krokodil und zu tapirähnlichen Säugetieren. Die bisherigen Grabungen haben Bewohner des ehemaligen Sees selbst (Fische), der Ufergebiete (Schildkröten, Krokodile, Frösche usw.), der näheren Umgebung (Säugetiere), ja selbst des Luftraums über dem See (Fledermäuse, Vögel) nachgewiesen.

Auch für die Paläogeographie brachten die Funde aus Messel neue Erkenntnisse. Ihr Vergleich mit eozänen Funden aus anderen Erdteilen, z. B. aus Amerika, weist auf enge Beziehungen zwischen den heute getrennten Kontinenten hin. Beispielsweise findet man in Nord- bzw. Mittelamerika enge Verwandte der aus Messel bekannten Schlammfische *(Amia)* und Knochenhechte *(Atractosteus)*. Danach dürfte es im Eozän eine Süßwasserverbindung, d. h. eine Landbrücke zwischen Europa und Amerika gegeben haben.

Im Zeitalter des Eozäns standen die Säugetiere am Anfang ihrer stammesgeschichtlichen Entwicklung. So begegnen uns in Messel fossile Ursprungsformen heutiger Säugetiergruppen, z. B. der Pferde, aber auch von der Natur wieder verworfenen »Prototypen«, Vertreter von Säugetiergruppen, die längst wieder ausgestorben sind. Und dieses frühe »Zustandsbild« macht Messel besonders wichtig auch für die Entwicklungsgeschichte des Säugetieres Mensch, denn der Ölschiefer bewahrt ebenso frühe Formen der Primaten, die bis jetzt mit einer Halbaffenart (Adapidae?) nachgewiesen wurden.

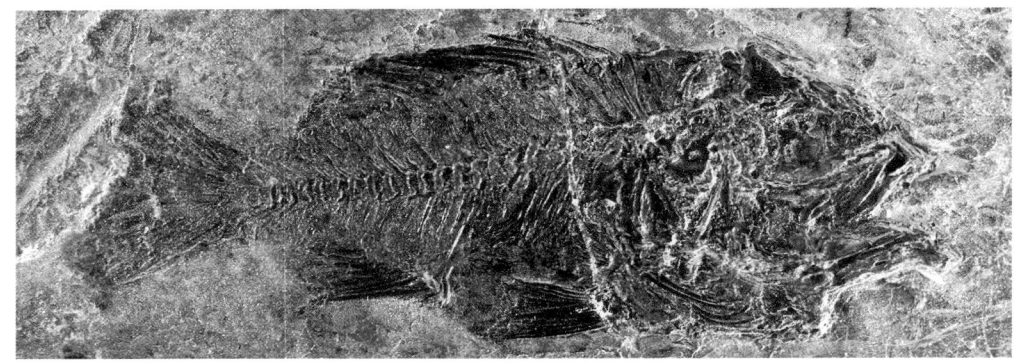

# Fossilhäufigkeit

Die Fossilhäufigkeit in der Grube Messel ist wie bei jeder anderen Fundstelle unterschiedlich. In dem ehemaligen See wird man vor allem Fische erwarten dürfen. Tatsächlich sind Vertreter der Gattungen *Amia* und *Atractosteus* überall im Ölschiefer zu finden. *Thaumaturus intermedius*, ein kleiner, lachsartiger Fisch, tritt gehäuft im Bereich des rekonstruierten nordwestlichen Zuflusses auf. Gehäuftes Auftreten stellt man auch für eine kleine, bisher noch nicht bestimmte Barschart im Bereich des nordöstlichen Zuflusses fest. Die Barscharten Messels, *Amphiperca* und *Palaeoperca*, scheinen sich, abgesehen von Einzelfunden, auf bestimmte Grabungsareale zu konzentrieren, wo sie dann (vor allem *Amphiperca*) gleich in Massen auftreten. Großfunde, d. h. Funde von Schildkröten, Krokodilen, großen Säugern usw. sind überall möglich, wenn auch, legt man die bisherigen Erfahrungen zugrunde, in manchen Schichten häufiger als in anderen. Denkbar, wenn auch bisher noch nicht erwiesen, wäre eine gewisse Konzentration der Großfossilien an bestimmten Stellen durch Strömungen im See, die angesichts zweier Zuflüsse nicht auszuschließen sind. Insgesamt gesehen ist das Fossiliensuchen in der Grube Messel eine reine Fleißarbeit, gepaart mit etwas Glück. Je höher der »Ölschieferdurchsatz«, desto größer die Wahrscheinlichkeit eines spektakulären Fundes.

Aufspalten einer Ölschieferplatte.

# Fossilbergung

Fossiliensuchen in Messel ist Handarbeit. Den Abbau des Ölschiefers begünstigen senkrechte Klüfte im Anstehenden. Sie sind der »Ansatzpunkt« für Brechstange, Spaten oder Schaufel. Ist damit ein möglichst großer Block gelöst, wird er senkrecht aufgestellt und dann mit einem Messer, einer Spachtel oder einer Machete von der Mitte ausgehend aufgespalten. Je nach Beschaffenheit des Schiefermaterials fallen dabei Platten bis zu einer Stärke von 0,5 bis 1 cm an. Die im Ölschiefer eingebetteten Fossilien sind »Störungen« im Gesteinsverband, der selbst dann in der Ebene der Fossilien aufreißt, wenn sie nicht genau auf der mit dem Messer gewählten Spaltebene liegen. Die meist hellbraunen Fossilien heben sich deutlich vom dunklen Ölschiefer ab. Etwas dickere und/oder kaum weiter spaltbare Platten sollten vor dem »Wurf auf Halde« zertrümmert werden. Unter Umständen kommen dabei noch kleinere Fossilien wie Fledermäuse usw. zum Vorschein; sie geben sich durch eine »Braunfärbung« im Querbruch des geschichteten Ölschiefers zu erkennen.

Die Ölschieferplatte mit dem Fossil wird formatisiert. D. h., man beschneidet sie mit einem Messer — meist rechteckig — und reduziert auch, wenn nötig und möglich, die Plattenstärke. Größere Fossilien, wie z. B. Krokodile, werden mit der Kettensäge aus dem Ölschiefer geschnitten.

Bei in mehrere Teile zerbrochenen Fossilien ist zu beachten, daß die Bruchstellen der Platten unbeschädigt bleiben, weil sie nur so später exakt und lückenlos wieder zusammengefügt werden können. Eine Kennzeichnung der Einzelteile vor Ort ist dabei sehr hilfreich.

Mit mehreren Lagen nassem Zeitungspapier umwickelt, in einen Plastiksack verpackt und beschriftet, können dann die Funde vor Austrocknung geschützt abtransportiert werden.

# Fossilpräparation

Die Bedeutung der Fossilfundstelle Messel steht und fällt, wie schon mehrfach gesagt, mit der Möglichkeit einer befriedigenden Präparation und dauerhaften Konservierung ihrer Fossilien. Nicht nur ist der Ölschiefer sehr weich, er enthält auch in bergfeuchtem Zustand bis zu vierzig Prozent Wasser. Der Luft ausgesetzt verliert der Ölschiefer dieses Wasser, schrumpft und zerfällt innerhalb kürzester Zeit samt den Fossilien in viele kleine Teile und hauchdünne Plättchen.

Präparationsmethoden vor der »Kunstharzära« waren das »Ausglühen der Knochen«, um den Hohlraum im Schiefer zu erhalten; die »Glyzerinmethode«, die dem Ölschiefer das Wasser entzog und es durch Glyzerin ersetzte; die »Lackfilm-Methode«; die »Einbettung in Kreidewachs«; die »Aufbewahrung in einer Formalin-Lösung«. Sie alle werden gelegentlich heute noch angewandt und haben in ganz speziellen Fällen auch durchaus ihren Sinn.

Mit dem Aufkommen der Kunstharze wurde als bisher beste die sogenannte »Transfer-Methode« entwickelt. Sie ersetzt den vergänglichen Ölschiefer durch Kunstharz; die originale Fossilsubstanz bleibt — dauerhaft mit Kunstharz gefestigt — erhalten. Von Amateurpaläontologen in den späten sechziger Jahren erstmals auf Messelfossilien angewandt und in den siebziger Jahren weiter verbessert und verfeinert, hat sich die Transfer-Methode längst auch in der Fachwissenschaft durchgesetzt. Der Arbeitsvorgang ist folgender:

Die Ölschieferplatte mit dem Fossil wird horizontal auf einer ausreichend großen Unterlage fixiert, wobei die Fossilplatte gegebenenfalls mit Ton oder Plastilin zu unterstützen ist, damit sie fest und eben liegt. Bei der nun folgenden Freilegung des Fossils darf der Ölschiefer nicht austrocknen, was feuchtes Zeitungspapier auf den Partien, an denen nicht gearbeitet wird, verhindert. Ist das Fossil zur Gänze freigelegt, baut man darum aus Ton oder Plastilin einen Rahmen oder besser Damm, der Größe und Form der späteren Trägerplatte des Fossils bestimmt. Letzteres liegt nun gleichsam auf dem Boden einer flachen »Schale«. Um ein Auslaufen des Harzes zu verhindern, werden alle

Seite 73
Im Magen dieses Insektenfressers *Buxolestes* (Länge 42 cm) fand man Früchte.

Schematische Darstellung der »Transferpräparation« von Messelfossilien (nach LIPPMANN, 1979, verändert und ergänzt). Linke Spalte: Querschnitt, rechte Spalte: Aufsicht. 1 Ölschiefer mit eingeschlossenem Fossil; 2 gespaltenes und formatisiertes Handstück; 3 Modellierton umrahmt (und ergänzt) das Handstück; 4 das Kunstharz ist aufgegossen; 5 das Präparat ist gewendet; 6 der Modellierton ist entfernt, der Ölschiefer abgetragen, das Fossil liegt auf der Kunstharzplatte.

Rechts: Eine freitragend prä-
parierte Schildkröte *Allaeochelys,* Bauch- und Rük-
kenseite (oben).

Querschnitt          Aufsicht

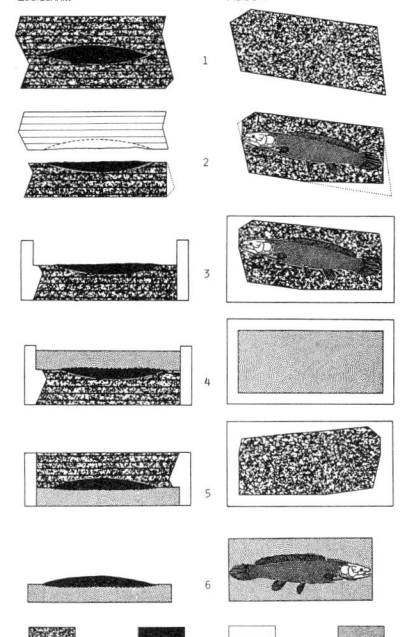

1

2

3

4

5

6

Ölschiefer     Fossil     Modellierton     künstliche Matrix

Risse und Löcher im Ölschiefer oder im Damm sorgfältig mit Ton oder ähnlichem abgedichtet. Nach dem Abtupfen überschüssiger Feuchtigkeit wird auf den Schiefer — unter Aussparung des Fossils — ein flüssiges Trennwachs oder anderes Trennmittel (Zaponlack usw.) aufgetragen. Das verhindert nicht nur das Austrocknen des Ölschiefers, es erleichtert später auch das Ablösen des Schiefers von der Kunstharzmatrix. Außerdem verhindert das Trennmittel, daß Harz in eventuell vorhandene haarfeine Risse (Spannungs- oder Trocknungsrisse) im Ölschiefer eindringt. Jetzt kann und muß das Fossil — jedoch keinesfalls der Ölschiefer — getrocknet werden. Wenn man es eilig hat, kann man dazu den Fön nehmen.

Ist das Fossil gerade ganz trocken, erkennbar durch den »Farbumschlag« der »Knochensubstanz« von Dunkelbraun in Hellbraun, bedeckt man die vom Damm umgrenzte Fläche mit Kunstharz. Es durchdringt die fossile Knochensubstanz, die mit dem Aushärten des Kunstharzes dauerhaft gefestigt und konserviert wird.

Ist der Vorgang des Aushärtens abgeschlossen, entfernt man den Damm, nimmt die Schieferplatte von der Unterlage und dreht sie um. Jetzt kann der Ölschiefer mit einem Messer oder mit einer Spachtel abgetragen werden. Diese Präparation legt die bisher nicht sichtbare Seite des Fossils frei. Es ist, weil mit Kunststoff getränkt, einigermaßen unempfindlich, so daß die letzten Grobarbeiten, auch unter fließendem Wasser und mit Hilfe einer weichen Zahnbürste, durchgeführt werden können. Die anschließende Feinpräparation unter dem Mikroskop erfolgt manuell oder maschinell mit feinen Nadeln bzw. einem Spezial-Sandstrahlgerät. Den Schlußpunkt der Umbettung setzt das Auftragen einer dünnen Schutzschicht aus Lack, die das Fossil zusätzlich festigt. Das Fossil ist bei dieser Präparationsmethode nicht nur dauerhaft konserviert, es ist auch für Untersuchungen zugänglich; außerdem können Röntgenaufnahmen gemacht werden.

Bei Skeletten mit starker Knochensubstanz, insbesondere Schildkröten und Krokodilen, ist gelegentlich eine sogenannte »Freipräparation« möglich, die ein vollkörperliches Fossil ohne Kunstharzplatte, aber getränkt mit Kunstharz zum Ergebnis hat.

# Floren- und Faunen-Liste der Grube Messel (Stand 1985)

## Pflanzen

**Gymnospermae, Nacktsamer**
Coniferenhölzer

**Angiospermae, Bedecktsamige**

**Monocotyledonidae, Einkeimblättrige Pflanzen**

**Palmae, Palmengewächse**
*Palmoxylon bacillare* (Brongn.) Jurasky 1939

**Cyperaceae**
*Caricoidea*

**Dicotyledonidae, Zweikeimblättrige Pflanzen**

**Menispermaceae**
? *Tinospora*

**Lauraceae, Lorbeergewächse**
*Apollonia schottleri* (Engelh.) Sturm 1971
*Cryptocarya weylandii* Sturm 1971
*Cryptocarya crispata* Sturm 1971
*Cryptocarya complicata* Sturm 1971
*Cryptocarya cryptostoma* Sturm 1971
*Cryptocarya lanigeroides* (Engelh.) Sturm 1971
*Lindera leptohuephe* Sturm 1971

*Litsea engelhardtii* Sturm 1971
*Litsea adenoides* Sturm 1971
*Litsea eocaenica* Sturm 1971
*Litsea lutetia* Sturm 1971
*Litsea glaphyre* Sturm 1971
*Litsea crebrigranosa* Sturm 1971
*Litsea granata* Sturm 1971
*Litsea tertiaria* (Engelh.) Sturm 1971
*Litsea puerilis* Sturm 1971
*Litsea multipilosa* Sturm 1971
*Litsea streble* Sturm 1971
*Litsea pachygyroides* Sturm 1971
*Ocotea natistoma* Sturm 1971
*Ocotea ovosimilis* Sturm 1971
*Ocotea multipora* Sturm 1971
*Ocotea tertiaria* (Engelh.) Sturm 1971
*Ocotea peristomoides* Sturm 1971
*Lauraceophylloderma ebenoides* (Engelh.) Sturm 1971
*Lauraceophylloderma acomparabilis* Sturm 1971
*Lauraceophylloderma vestibulibrevis* Sturm 1971
*Lauraceophylloderma alatum* Sturm 1971

**Icacinaceae**
*Natsiatum*

**Nymphaeaceae, Seerosengewächse**
*Nelumbo*
? *Nymphaea*
? *Euryale*

**Hamamelidaceae**
*Corylopsis*

**Myrtaceae, Bittereschengewächse**
*Eugenia* (bzw. *Myrtophyllum*)

**Rutaceae**
*Zanthoxylum* sp. 1
*Zanthoxylum* sp. 2

**? Anacardiaceae**
*? Pseudosclerocarya*

**Staphyleaceae**
*? Staphylea*

**Cornaceae**
*Mastixia*

**Vitaceae**
*Vitis* sp. 1 (= cf. *V. magnisperma*)
*Vitis* sp. 2 (= event. *Parthenocissus*)

**Juglandaceae, Walnußgewächse**
*Engelhardia*

**Moraceae, Maulbeergewächse**
*Ficus*

**Apocynaceae, Immergrüngewächse**
*Apocynophyllum*

**Bakterien**

**Archaebakterien**
*Methanogene*
*Thermogene*
*Thermoacitophile*

# Tiere

**Invertebrata, Wirbellose Tiere**

**Porifera, Schwämme**
*Spongilla gutenbergiana* MÜLLER, ZAHN &
  MAIDHOF 1982

**Arachnida, Spinnen**

 **Insecta**

**Hymenoptera, Ameisen**
*Formicidae* indet.

**Coleoptera, Käfer**
*Ancylochira eocaenica* MUENIER 1921
Ancylochira prompta MEUNIER 1921
*Ancylochira agilis* MEUNIER 1921
*Ancylochira minuta* MEUNIER 1921
*Sphenoptera eocaenica* MEUNIER 1921
*Sphenoptera metallica* MEUNIER 1921
*Eurythyrea* sp.
*Eubrianax* sp. (Larven)
*Perotis messelensis* MEUNIER 1921
*Lina titana* MEUNIER 1921
*Trogosita eocaenica* MEUNIER 1921
*Geotrupes messelensis* MEUNIER 1921
*Gymnopleurus eocaenicus* MEUNIER 1921

**Heteroptera, Wanzen**
*Cydnopsis meuneri* KINZELBACH 1970
*Cydnopsis nana* KINZELBACH 1970
*Lygaeidae* gen. et. sp. indet.
*Amhibolus disponsi* KINZELBACH 1970

**Blattoptera, Schaben**
*Periplaneta eocaenica* MEUNIER 1921
*Periplaneta relicta* MEUNIER 1921

**Trichoptera, Köcherfliegen**
Gehäuse von Köcherfliegen-Larven

**Lepidoptera, Schmetterlinge**
Schuppen von Nachtfaltern

**Gastropoda, Schnecken**
? Viviparidae, Süßwasserschnecken
? Hydrobiidae, Brackwasserschnecken

**Vertebrata, Wirbeltiere**

**Pisces, Fische**
*Atractosteus strausi* (KINKELIN 1884)
*Amia kehreri* ANDREAE 1893
*Amphiperca multiformis* WEITZEL 1933
*Palaeoperca proxima* MICKLICH 1978
*Thaumaturus intermedius* WEITZEL 1933
*Anguilla ignota* MICKLICH 1984

**Anura, Froschlurche**
*Propelodytes wagneri* WEITZEL 1938

**Urodela, Schwanzlurche**
*Chelotriton robustus* WESTPHAL 1980

**Testudinata, Schildkröten**
*Palaeochelys messeliana* (STAESCHE 1928)
*Palaeochelys gracilis* (STAESCHE 1928)
*Trionyx messelianus* REINACH 1900
  − mit 2 Unterarten:
*T. m. lepsiusi* HARRASSOWITZ 1922
*T. m. kochi* HUMMEL 1927
*Allaeochelys crassesculpta*
  (HARRASSOWITZ 1922)
*Allaeochelys gracilis* (HARRASSOWITZ 1922)

**Crocodilia, Krokodile**
*Allognathosuchus haupti* (WEITZEL 1935)
*Diplocynodon darwini* (LUDWIG 1877)
*Diplocynodon ebertsi* (LUDWIG 1877)
*Asiatosuchus germanicus* BERG 1966

*Bergisuchus dietrichbergi* KUHN 1968
*Pristichampsus rollinati* (GRAY 1831)

**Ophidia, Schlangen**
? Boidae

**Lacertilia, Echsen**
cf. *Eolacerta*
*Saniwa feisti* STRITZKE 1983

**Aves, Vögel**
*Rhynchaeites messelensis* WITTICH 1898
(= *Plumumida lutetialis* HOCH 1980)
*Diatryma* cf. *steini* MATHEW &
  GRANGER 1917
*Aegialornis szarskii* PETERS 1985

**Mammalia, Säugetiere**

**Marsupialia, Beuteltiere**
*Didelphidae* gen. et. sp. indet.

**Proteutheria**
*Buxolestes piscator* KOENIGSWALD 1980
*Leptictidium auderiense* TOBIEN 1962
*Leptictidium nasutum* STORCH &
  LISTER 1985

**Lipotyphla**
*Macrocranion tupaiodon* WEITZEL 1949
*Macrocranion tenerum* (TOBIEN 1962)
*Pholidocercus hassiacus* KOENIGSWALD &
  STORCH 1983

**Chiroptera, Fledermäuse**
*Palaeochiropteryx tupaiodon*
  REVILLIOD 1917
*Palaeochiropteryx spiegeli* REVILLIOD 1917
*Archaeonycteris trigonodon* REVILLIOD 1917
*Archaeonycteris revilliodi* RUSSEL &
  SIGE 1970

Hassianycteris magna SMITH & STORCH 1981
Hassianycteris messelensis SMITH & STORCH 1981

**Primates, Herrentiere**
*Adapidae* gen. et. sp. indet.
*Europolemur sp.*

**Pholidota, Schuppentiere**
*Eomanis waldi* STORCH 1978

**Xenarthra, Nebengelenktiere**
*Eurotamandua joresi* STORCH 1981

**Rodentia, Nagetiere**
*Ailuravus macrurus* WEITZEL 1949
*Massilamys beegeri* TOBIEN 1954
*Massilamys krugi* TOBIEN 1954
*Microparamys parvus* (TOBIEN 1954)

**Creodonta**
cf. *Proviverra edingeri* SPRINGHORN 1982

**Carnivora, Raubtiere**
*Paroodectes feisti* SPRINGHORN 1980
? *Miacis kessleri* SPRINGHORN 1982

**Condylarthra, Urhuftiere**
*Kopidodon macrognathus* (WITTICH 1902)

**Perissodactyla, Unpaarhufer**
*Propalaeotherium isselanum* (CUVIER 1824)
(= *P. hassiacum* HAUPT 1925)
*Propalaeotherium messelense*
  (HAUPT 1925)
*Hyrachyus minimus* (FISCHER 1929)

**Artiodactyla, Paarhufer**
*Messelobunodon schaeferi* FRANZEN 1980
*Massilabune martini* TOBIEN 1980

Echse mit vollständigem Schuppenkleid; 30 cm. Gegenplatte auf S. 101.

# Fossile Pflanzen

Der Ölschiefer bietet nicht nur die berühmten Wirbeltierfossilien, sondern auch reichlich Pflanzenreste. Schon im vorigen Jahrhundert gelangten mit Beginn des Abbaues Blätter von Laubgehölzen und Palmen in Museen, insbesondere das Hessische Landesmuseum in Darmstadt und das Senckenbergmuseum in Frankfurt am Main.

Die erste wissenschaftliche Bearbeitung dieser Aufsammlungen unternahm ENGELHARDT (1922). Seine Bestimmungen genügen zwar nicht modernen Ansprüchen, aber seitdem weiß man, daß die Messeler Flora sehr artenreich ist. Fast fünfzig Jahre vergingen, bis sich 1971 wieder ein Wissenschaftler, STURM, mit der Messeler Flora beschäftigte. Leider beschränkte er sich auf die Lorbeergewächse, die zwar in der Messeler Flora eine große Rolle spielen, aber nichts über ihre Reichhaltigkeit verraten.

So war, als 1975 neue wissenschaftliche Grabungen in der Grube Messel begannen, die Kenntnis ihrer Pflanzenwelt recht lückenhaft. Deshalb bemühten sich die Ausgräber von Anfang an darum, nicht nur Tiere zu bergen, sondern auch die Pflanzenreste so vollständig wie möglich. Sie sahen sich dabei vor allem einem Problem gegenüber: In Messel gibt es keine angereicherten Pflanzenlagen wie an anderen Fundstellen, die man systematisch ausbeuten könnte. Man ist, wie bei den Tierresten, auf Zufallsfunde angewiesen.

Nun, auch Zufallsfunde von Pflanzen »läppern sich zusammen«: Den verschiedenen Grabungsteams gelang es im Laufe der Jahre, einige tausend Blätter zu bergen — und dazu auch Samen und Früchte, die man früher kaum beachtet hatte. Außerdem fahndeten die Paläobotaniker des Senckenbergmuseums um Dr. F. SCHAARSCHMIDT gezielt nach pflanzlichen Kleinresten und entdeckten neben einer

Ein 15 cm großes Ästchen mit Zweigen und Blättern.

Fülle kleiner Samen, Früchte und Blättchen sogar eine ganze Reihe von Blüten.

Die Suche geht weiter, sie muß weitergehen, denn immer neue Funde zeigen, daß noch längst nicht das ganze Pflanzenspektrum der Grube Messel erfaßt ist. Ebenso kennt man von vielen Pflanzen nur einzelne Exemplare, was sich nachteilig auf die Beschreibung auswirkt, für die man in der Regel mehr als ein Exemplar braucht. Die wissenschaftliche Bearbeitung des geborgenen Materials ist in vollem Gange; sie wird gefördert von der Deutschen Forschungsgemeinschaft. Am weitesten fortgeschritten ist die Bearbeitung des aus Bohrungen im Ölschiefer gewonnenen Pollens durch Frau Dr. THIELE-PFEIFFER in München. Die Samen und Früchte werden von Frau Dr. COLLINSON, London, bearbeitet, und mit den Blättern beschäftigt sich Herr Dipl.-Geol. WILDE, SNG, Frankfurt, im Rahmen einer Doktorarbeit.

Die durch diese Arbeiten nachgewiesenen Arten gehen in die Hunderte. Sie verteilen sich auf insgesamt 65 Pflanzenfamilien. Farne und Koniferen sind unter ihnen ausgesprochen selten, viel seltener als in anderen gleichaltrigen Vorkommen. Der weitaus größte Teil der Pflanzenreste stammt von Laubgewächsen. Unter ihnen überwiegen Familien, die heute in den Tropen und Subtropen verbreitet sind, wie das Beispiel der Lorbeergewächse zeigt. Daraus kann man schließen, daß vor 50 Millionen Jahren, als der Messeler Ölschiefer abgelagert wurde, das Klima in diesem Gebiet warm getönt gewesen sein muß.

Andererseits kommen auch Familien vor, die heute gemäßigte Zonen bevorzugen, man denke an Buchen- und Walnußgewächse. Das mag teilweise darauf zurückzuführen sein, daß zu diesen Familien im Alttertiär auch wärmeliebende Arten zählten. Darüber hinaus dürfte das Klima nicht völlig dem der heutigen Tropen bzw. Subtropen entsprochen haben, weil der Messeler See ein gutes Stück nördlich des Wendekreises des Krebses gelegen haben muß und daher deutliche Jahreszeiten ausgebildet gewesen sein könnten.

Von links nach rechts und von oben nach unten: Samen der Weinrebe *(Vitis)*, Koniferenzweig, Blüte in Seitenansicht, Seerosenblüte (Nymphaeaceae), Lauraceen-Epidermis (Durchlichtaufnahme), Fiederblatt (Fluoreszenzaufnahme). Fotos: F. Schaarschmidt

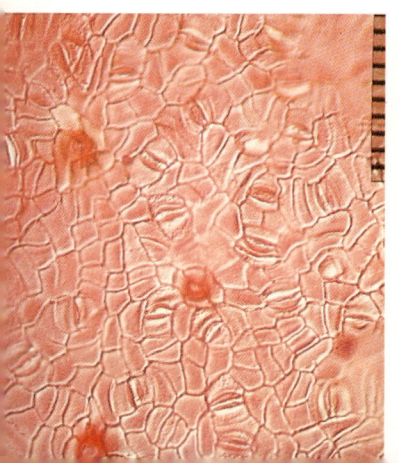

# Wirbellose Tiere

Geht man von der Zahl der wissenschaftlichen Arbeiten aus, so stehen die Wirbellosen der Grube Messel gewiß nicht im Vordergrund des Interesses der Paläontologen: ganze zwei Veröffentlichungen mit Neubeschreibungen von Wirbellosen sind seit 1975 erschienen. Dabei findet man sie verglichen mit anderen Tiergruppen recht häufig. Das gilt besonders für die Insekten. Auch sie sind vorzüglich erhalten, zeigen vielfach sogar noch Farben. Leider ist es bis heute nicht möglich, diese schillernde Farbenpracht dauerhaft zu konservieren, es sei denn im meist vor Ort aufgenommenen Foto.

Der Ölschiefer der Grube Messel überliefert Schwämme (mit einer beschriebenen Art), Schnecken (Gastropoden) und die bereits erwähnten Insekten. Letztere sind vertreten mit Ameisen (eine beschriebene Art), Käfern (13 Arten),

Unten links: Insekt mit geöffneten Flügeln; 2 cm. Rechts: Großer Blattkäfer; Länge 2 cm.

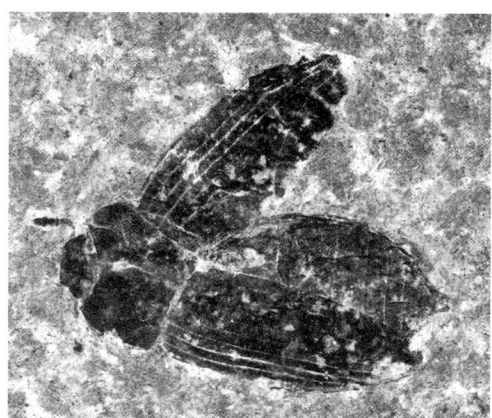

Wanzen (vier Arten), Schaben (zwei Arten), Köcherfliegen (eine Art) und Schmetterlingen.

Bei den Schnecken ist eine Art sicher nachgewiesen, wenn auch noch nicht im einzelnen bestimmt. Für zwei weitere beschriebene Arten steht der endgültige Nachweis noch aus.

Daß es in der Grube Messel viele Insekten gegeben haben muß, beweisen indirekt die vielen Fledermäuse, die man gefunden hat, da Insekten ihre wichtigsten Beutetiere sind. So steht zu hoffen, daß auch dieser Tiergruppe bald die ihr gebührende wissenschaftliche Aufmerksamkeit geschenkt wird.

Im Beziehungsgefüge der Lebensgemeinschaften des eozänen Biotops spielten die Wirbellosen eine wichtige Rolle. Will man fundierte Aussagen über den Lebensraum Messel im Eozän machen, darf dieser Teil des Ökosystems nicht unberücksichtigt bleiben. Ein Lebensbild Messel ohne Wirbellose, speziell ohne Insekten, ist unvollständig und muß immer unvollständig bleiben.

Links: Käfer mit geöffneten Flügeldecken; Länge 3,5 cm.
Rechts: »Holzbiene« (vermutlich Ameise); Länge 2,5 cm.

82

# Wirbeltiere

## *Fische (Pisces)*

Neben den Kleinfossilien (Blätter, Früchte, Insekten) gehören die Fische zu den häufigsten Fossilien der Grube Messel. Interessanterweise war bis heute kein einziger Friedfisch darunter. Allen bisher aus Messel bekannten Fischarten ist eine räuberische Lebensweise gemeinsam. Im einzelnen kennt man folgende Arten: *Amia kehreri, Atractosteus strausi, Amiphiperca multiformis, Palaeoperca proxima, Thaumaturus intermedius, Anguilla ignota.*
*Amia kehreri* ist die mit Abstand häufigste Fischart. Ihr Größenspektrum reicht vom ca. 2 cm kleinen Jungfisch bis hin zum ca. 70 cm großen Prachtexemplar. Die Masse der Funde weist Größen zwischen 20 und 30 cm auf.
Bekannt ist die Gattung *Amia* seit der Kreidezeit. Es gibt sie noch heute mit einer einzigen Art in Nordamerika (*Amia*

Knochenhecht *Atractosteus strausi*, 85 cm. Dieser Fisch wurde bis 1 m groß!

83

*calva*), die stehende bzw. langsam fließende Gewässer bevorzugt. Kennzeichnende Körpermerkmale von *Amia* sind die noch unvollkommen verknöcherte, am Ende aufwärts gebogene Wirbelsäule, die fast bis zur asymmetrischen Schwanzflosse reichende, langgezogene Rückenflosse und der stark verknöcherte Schädel. Den Körper von *Amia kehreri* bedecken runde Schuppen mit einer unvollständigen und spärlichen Schmelzschicht aus Ganoin. Diese Merkmale verweisen *Amia kehreri* in die altertümliche Fischordnung der Knochenganoidfische (Holostei), die ihren stammesgeschichtlichen Höhepunkt in der Jurazeit hatte.

Ebenfalls zu dieser Fischordnung gehört der schlanke Knochenhecht *Atractosteus strausi*. Nach *Amia kehreri* nimmt er den zweiten Rang in der Häufigkeitsskala der Messeler Fischfossilien ein. Auch von *Atractosteus* kennt man beeindruckende Exemplare mit bis zu 100 cm Länge. Besonders auffällig sind seine rhombenförmigen Ganoidschuppen, die den Fischkörper wie ein massiver Panzer bedecken. Rezente Vertreter der Gattung *Atractosteus* leben in Nord- und Mittelamerika.

Die Tatsache, daß sowohl *Amia* wie auch *Atractosteus* in unseren Tagen noch in der Neuen Welt vorkommen, ist ein Indiz dafür, daß während des Eozäns ein Faunentausch zwischen diesen Gebieten möglich gewesen sein muß. Da die Vertreter beider Gattungen ausschließlich Süßwasserbewohner sind, muß also zwischen den heute getrennten Kontinenten im Eozän eine breite Landbrücke mit einem Gewässernetz bestanden haben.

Weiter darf man aus dem Vorkommen der großen Schlammfische und Knochenhechte folgern, daß der Eozänsee kein isoliertes Gewässer, sondern in ein Gewässersystem eingebunden war. Fische solcher Größe hätten in einem kleinen, abgeschlossenen Seebiotop kaum ausreichende Lebensbedingungen vorgefunden.

Neben den altertümlichen Ganoidfischen *Amia* und *Atractosteus* sind auch die modernen Knochenfische (Teleostei) in Messel vertreten. Und zwar mit den Barscharten *Amphiperca multiformis* und *Palaeoperca proxima*.

*Amphiperca multiformis* wurde bis zu 25 cm groß und besaß, wie unsere heutigen Barsche, eine ungeteilte Rücken-

Links: Der Barsch *Palaeoperca proxima*; Länge 19 cm.
Rechts: *Amphiperca multiformis*, ebenfalls ein Barsch; Länge 18 cm.

flosse mit kräftigen Flossenstacheln, die der Fisch aufrichten konnte. Bei der etwa gleichgroßen, aber insgesamt etwas schlankeren *Palaeoperca proxima* dagegen ist die Rückenflosse deutlich zweigeteilt.

Lange Zeit galten beide Barscharten als relativ selten. Doch als im Zuge der Bauarbeiten zur Einrichtung der Mülldeponie die bis dahin von Wasser bedeckten Bereiche des Ölschiefers für Grabungen zugänglich wurden, hat sich das drastisch geändert; mindestens soweit es *Amphiperca multiformis* angeht. Dieser Barsch trat in den neu zugänglichen Schichten so häufig auf, daß man schon von einem Massenvorkommen sprechen muß. Die Fundumstände − Exemplare mit weit aufgerissenem Maul sind die Regel − deuten auf ein Massensterben, verursacht durch Sauerstoffmangel. Man kennt solche durch hohe Temperatur und Algenüberproduktion ausgelöste Ereignisse in Seen auch heute.

Neben den genannten Barscharten kommt in der Grube Messel mindestens noch eine weitere, nur bis 10 cm große Barschart vor, die allerdings noch ihrer wissenschaftlichen Beschreibung harrt. In ihrer Verbreitung ist diese Barschart eng an einen der vermuteten Seezuflüsse, den nordöstlichen, gebunden. Das gilt ähnlich für *Thaumaturus intermedius*, dessen Vorkommen sich auf den Bereich des vermuteten nordwestlichen Zuflusses beschränkt. Die bis zu 9 cm große Art gehört in die Verwandtschaft der Lachse (Salmonidae).

Sowohl *Thaumaturus* als auch besagte, bisher noch nicht beschriebene Kleinbarschart scheinen nicht zu den ständigen Bewohnern des eozänen Sees gehört zu haben, da ihre Fundhäufigkeit mit zunehmender Entfernung von den vermuteten Zuflüssen abnimmt. Beide Fischarten waren wohl Bewohner der Fließgewässer in der Seeumgebung und gelangten über Zuflüsse in den See, wo sie sich dann ausschließlich im Mündungsbereich aufhielten.

Die Dauerpräsenz im eozänen See muß auch einem ca. 63 cm großen Aal — ein bisher einmaliger Fund — abgesprochen werden, dessen Körpermerkmale weitgehend mit denen heutiger Süßwasseraale der Gattung *Anguilla* übereinstimmen. Allen Angehörigen dieser Gattung ist eine sogenannte katadrome Lebensweise (Geburt, Fortpflanzung und Tod im Meer, Leben im Süßwasser) zu eigen. Sie ist aufgrund der Ähnlichkeit auch für den fossilen Vertreter aus der Grube Messel anzunehmen. Und daraus wäre wiederum zu folgern, daß der Eozänsee Messel in ein Gewässersystem eingebunden war, das die für bestimmte Abschnitte im Aalleben nötige Verbindung zu einem Meer herstellte.

## Lurche (Amphibia)

Die urtümlichste Gruppe unter den landlebenden Wirbeltieren stellen die Amphibien oder Lurche, zu denen Frösche, Kröten, Molche und Salamander sowie die in tropischen Regionen lebenden Blindwühlen gehören. Im Gegensatz zu den Fischen, aus denen sie hervorgingen, sind ausgewachsene Lurche Lungenatmer (sauerstoffhaltige Luft). Ihr Skelett weist im Prinzip denselben Bauplan auf wie das der Kriechtiere, Vögel und Säugetiere.

Mit der Anpassung an das Leben auf dem Lande hapert es bei den Amphibien ein bißchen. So schützt ihre Haut sie nicht vor Austrocknung, sie brauchen unbedingt einen feuchten Lebensraum. Auch die Eier, denen eine feste Schale, wie sie beispielsweise das Vogelei hat, fehlt, müssen im Wasser abgelegt werden. Aus den Eiern schlüpfen Larven, die im Wasser leben und erst nach einer Metamorphose ihren Eltern gleichen.

Die Blütezeit der Tierklasse lag im Erdaltertum, im Karbon.

Auch in der nachfolgenden Perm-Zeit (280 bis 225 Millionen Jahre vor unserer Zeit) gab es noch Riesenamphibien. Aber inzwischen hatten sich die Kriechtiere entwickelt und konkurrierten mit den Lurchen um den gleichen Lebensraum. Einige der altertümlichen Amphibien überlebten bis ins Erdmittelalter und starben erst im Mittleren Jura, vor etwa 175 Millionen Jahren, aus. Vorher schon, in der Trias-Zeit, hatten sich die modernen Lurche entwickelt, deren Vertreter bis heute überlebten.

Von den drei Ordnungen der Amphibien, Blindwühlen (Apoda oder Gymnophiona), Froschlurche und Schwanzlurche, bot die Grube Messel bisher nur die beiden letztgenannten.

**Schwanzlurche (Urodela):** Mit vier Gliedmaßen und einem Schwanz sind die Schwanzlurche, zu denen Molche und Salamander gehören, die am wenigsten spezialisierten Amphibien. Sie leben in feuchten Wäldern und gehen nur zum Ablaichen ins Süßwasser.

Aus der Grube Messel ist bisher nur eine Schwanzlurchart bearbeitet und beschrieben: *Chelotriton robustus*. Hauptmerkmal dieses rd. 12 cm großen Salamanders ist der stark verknöcherte, fein strukturierte Schädel. Körpermerkmale

Frosch von der Unterseite; Länge 18 cm.

deuten darauf hin, daß *Chelotriton robustus* wohl den größten Teil seines Lebens außerhalb des Wassers zubrachte. Dies würde auch zwanglos erklären, weshalb man bis zum heutigen Tage erst ein einziges Exemplar dieser Art in den Ablagerungen des eozänen Messeler Sees gefunden hat.

**Froschlurche (Anura):** Die Froschlurche sind die am stärksten spezialisierten Amphibien, zugleich aber auch die anpassungsfähigsten. Obwohl die meisten Arten zum Laichen ins Wasser zurückkehren, sind sie dem Leben auf dem trockenen Lande besser angepaßt als alle anderen Amphibien.

Das Skelett der Froschlurche weist einige Besonderheiten auf, die den Tieren das Springen ermöglichen. Nicht alle können es gleich gut: Frösche können besser springen als Kröten. Aber alle Froschlurche haben ihren Schwanz verloren und lange Hinterbeine entwickelt, mit denen sie sich gut vom Boden abstoßen können. Die Vorderbeine sind so kräftig, daß sie die Wucht des Aufpralls ohne weiteres abfedern. Diese Besonderheiten haben sich im Laufe von rd. 300 Millionen Jahren ausgebildet.

Aus der Grube Messel ist inzwischen eine Vielzahl von Froschlurchen bekannt. Bis dato wurde allerdings nur die Art *Propelodytes wagneri* beschrieben. Die am häufigsten in Messel gefundenen fossilen Frösche gehören zur Gattung *Eopelobates*.

Nicht unerwähnt bleiben darf auch der bisher einmalige Fund eines Frosches, der den heutigen Krallenfröschen (*Xenopus*) sehr ähnlich ist.

## Kriechtiere (Reptilia)

Gegen Ende der Kreidezeit starben die bis dahin die Tierwelt der Erde beherrschenden Großreptilien aus. Lediglich die Ordnungen der Brückenechsen, Schildkröten, Krokodile, Eidechsen und Schlangen überlebten. Mit Ausnahme der Brückenechsen, die heute nur noch auf Neuseeland

Vollständiger Frosch *Eopelo-bates;* Länge 18 cm.

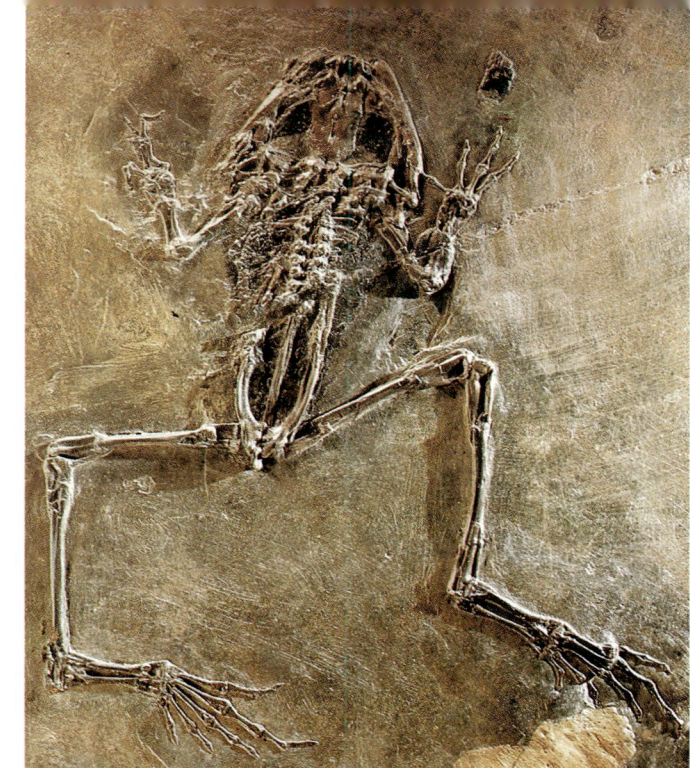

Unten links: Frosch mit organischen Resten; Länge 18 cm.
Unten rechts: Kleiner Frosch mit Hauterhaltung;
Länge 5 cm.

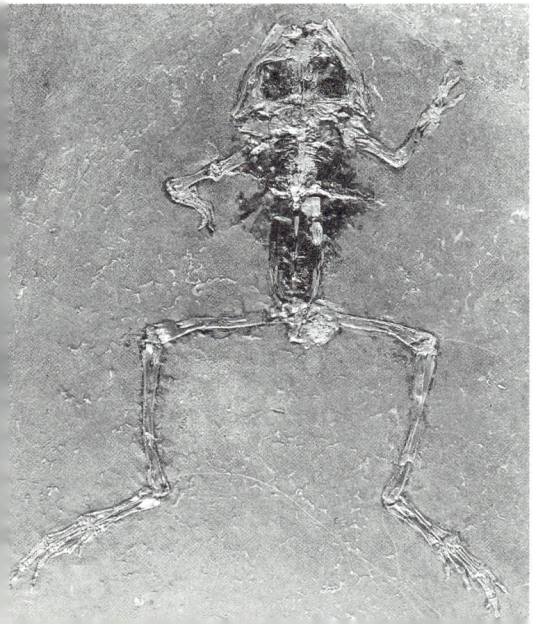

leben, sind alle anderen Reptilordnungen aus der Grube Messel fossil belegt.

**Schildkröten (Testudinata):** Die Ordnung der Schildkröten ist vor allem durch die Entwicklung eines schützenden Knochenpanzers charakterisiert, der aus Knochenplatten besteht und mit Hornplatten überzogen ist. Die frühesten Schildkröten liegen fossil aus der Oberen Trias vor (*Proganochelys*). Sie besaßen bereits den vollständig entwickelten Körperpanzer. Ältere Formen sind bis heute noch nicht bekannt geworden. Für kleinere Reptilien aus dem Mittleren Perm von Südafrika (*Eunotosaurus*) mit stark verbreiterten Rippen, die lange Zeit als Vorläufer der Schildkröten galten, wird heute eine nähere verwandtschaftliche Beziehung zu den Schildkröten abgelehnt.

Eine mit nur 5,5 cm winzige Schildkröte.

Fünf Schildkrötenarten hat man bis 1986 in Messel gefunden; alle bevorzugten den Lebensraum Wasser: *Allaeochelys crassesculpta, Allaeochelys gracilis, Palaeochelys messeliana, Palaeochelys gracilis* und *Trionyx messelianus*.

Das Fundspektrum reicht vom fünfmarkstückgroßen Jungtier bis hin zum rd. 60 cm großen ausgewachsenen (adulten) Exemplar einer Weichschildkröte (*Trionyx*). Die Vertreter der bis zu 35 cm großen Gattung *Allaeochelys* sowie die der etwas kleiner bleibenden Gattung *Palaeochelys* haben ihre nächsten Verwandten heute in Neuguinea bzw. Ostasien. Beide besaßen einen festen Körperpanzer.

Mit einer anderen Körperpanzer-Version wartet die bisher größte Messeler Schildkrötenart, *Trionyx messelianus*, auf. Bei ihr ist der Körperpanzer nicht mit Hornplatten bedeckt, sondern mit einer festen, dicken Haut überzogen. Kennzeichnend für diese, heute noch in wärmeren Regionen Amerikas, Afrikas und Asiens vorkommenden Schildkröten, ist das Fehlen einer festen Verbindung zwischen Brust- und Bauchpanzer.

Die Messeler Schildkröten haben sich vermutlich in der Uferregion des Sees aufgehalten und sich von Fischen, Amphibien und Kleingetier ernährt.

**Krokodile (Crocodilia):** Krokodile sind seit der späten Triaszeit bekannt. Sie gehörten im Mesozoikum (Erdmittelalter) zusammen mit den Dinosauriern und den Flugsauri-

Rechte Seite: Bauchpanzer der Schildkröte *Palaeochelys*; Länge 6,5 cm. Hinterbeine und Schwanz sind deutlich zu erkennen.

Nebenstehend und unten rechts: Zwei Schildkröten der Gattung *Allaeochelys*, mit Kopf und Gliedmaßen; Länge 24 cm und (unten) 20 cm.

ern zu der in dieser Zeit dominierenden Gruppe der Archosaurier. In den heutigen Krokodilen begegnen uns also nahe Verwandte dieser ausgestorbenen Großreptilien.

Krokodile sind Indikatoren für tropisch-subtropische Klimaverhältnisse (Januarmittel 10°−15° C). Der eozäne Urwaldsee von Messel war somit für die Krokodile nicht nur wegen seines reichen Futterangebots ein idealer Lebensraum. Was sie gefressen haben, wissen wir aus ihren im Ölschiefer häufigen versteinerten Kotballen (Koprolithe). Danach bestand die Nahrung in der Hauptsache aus den großwüchsigen Fischen *Amia* und *Atractosteus*. Genau wie die heutigen Krokodile nahmen sie auch Steinchen auf, die der Nahrungsaufbereitung und der Stabilisierung der Tiere beim Schwimmen dienten.

Die Krokodilfauna von Messel umfaßt bisher sechs Arten: *Allognathosuchus haupti, Diplocynodon darwini, Diplocynodon ebertsi, Asiatosuchus germanicus, Bergisuchus dietrichbergi* und *Pristichampsus rollinati*.

Bei *Allognathosuchus* handelt es sich um eine, vermutlich bestenfalls 1 m lange, zur Unterfamilie der Alligatoren zählende Gattung. Auffällig sind die kurze Schnauze und das

Oben: 2 Exemplare der großen Weichschildkröte *Trionyx messelianus*; 35 cm (links) und 54 cm (rechts).

Rechte Seite oben: Unbeschriebenes Krokodil; Länge 40 cm. Mitte: Krokodil *Allognathosuchus*; Länge 38 cm. Unten: *Diplocynodon darwini*, das häufigste Messel-Krokodil; Länge 40 cm.

Linke Seite oben: Unbeschriebenes Krokodil mit Schuppenschwanz; Länge 70 cm. Mitte: Krokodil *Diplocynodon darwini* in Seitenlage; Länge 150 cm. Unten: Junges Krokodil; Länge 14 cm.

stark differenzierte Gebiß. Im hinteren Abschnitt jeder Zahnreihe des Unter- und Oberkiefers stehen Zähne mit abgeflachten, kugeligen Kronen, im Vorderabschnitt des Gebisses dagegen kegelförmig spitz zulaufende Zähne. Man kann aus diesem speziellen Gebiß auf eine hartschalige Nahrung aus Muscheln und Schnecken schließen, zu der sehr wahrscheinlich auch Schildkröten gehörten.

*Diplocynodon darwini* ist die häufigste in Messel gefundene Krokodilart; die Funde belegen praktisch jedes Lebensstadium. Sie gehört ebenfalls zur Unterfamilie der Alligatoren. *Diplocynodon darwini* sah vermutlich wie die rezenten südamerikanischen Kaimane aus und erreichte eine Länge von rd. 1,7 m. *Diplocynodon ebertsi* unterscheidet sich von *D. darwini* nur durch die anders gestalteten Zähne. Ob es angesichts dieses geringfügigen Unterschieds gerechtfertigt ist, *D. ebertsi* als eigenständige Art zu führen, muß wissenschaftlich erst noch geklärt werden.

*Asiatosuchus germanicus* repräsentiert die größte Krokodilart aus der Grube Messel und gleichzeitig das größte Lebewesen, das den eozänen Messeler See bevölkerte. Die dem heutigen Nilkrokodil nahestehende, aber, wie alle Messeler Krokodile, ausgestorbene Art, erreichte ausgewachsen eine Länge von rund 5 m. *Bergisuchus dietrichbergi* und *Pristichampsus rollinati*, bisher in Messel nur fragmentarisch belegt, waren wahrscheinlich bis etwa 1,5 m große Krokodile mit schmaler Schnauze. − Es spricht einiges dafür, daß sich der jetzt schon reiche Katalog der Messeler Krokodilarten noch um einige erweitern wird.

Unten: Junges Krokodil *Diplocynodon darwini;* Länge 18 cm.

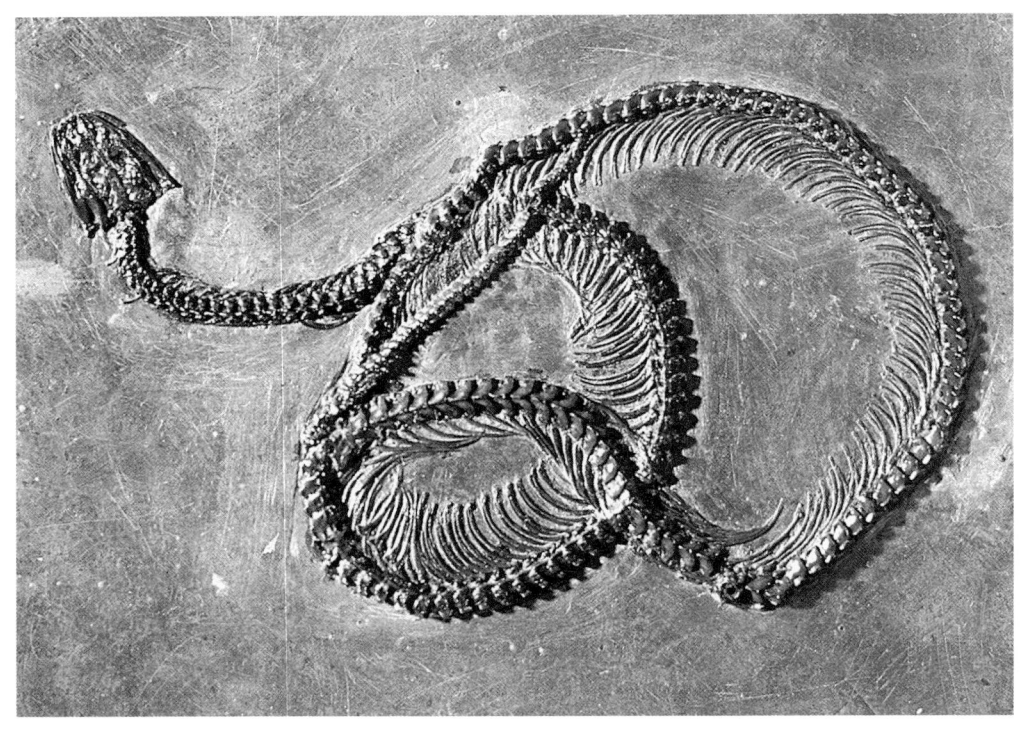

Boa-ähnliche Schlange; Länge 47 cm.

**Schlangen (Ophidia):** Schlangen sind die jüngste der größeren Reptiliengruppen. Die frühesten Formen kennt man aus der späten Kreidezeit. In der Gegenwart zeigen sich die Schlangen mit etwa 2700 Arten als sehr erfolgreich. Fossile Schlangen gehören zu den absoluten Raritäten. Gerade aber in der Grube Messel ist eine recht große Anzahl vollständiger Skelette geborgen worden. Es handelt sich zum größten Teil um Vertreter der Riesenschlangen (Boidae), die Längen bis zu 2,3 m erreichten. Wie von den Eidechsen ist auch von den Schlangen − darunter vermutlich auch schlupfreife Jungtiere im Ei (EIKAMP 1977) − die Mehrzahl noch unbestimmt und muß noch wissenschaftlich bearbeitet werden.

Rechte Seite: Große Baumschlange; Länge 77 cm.

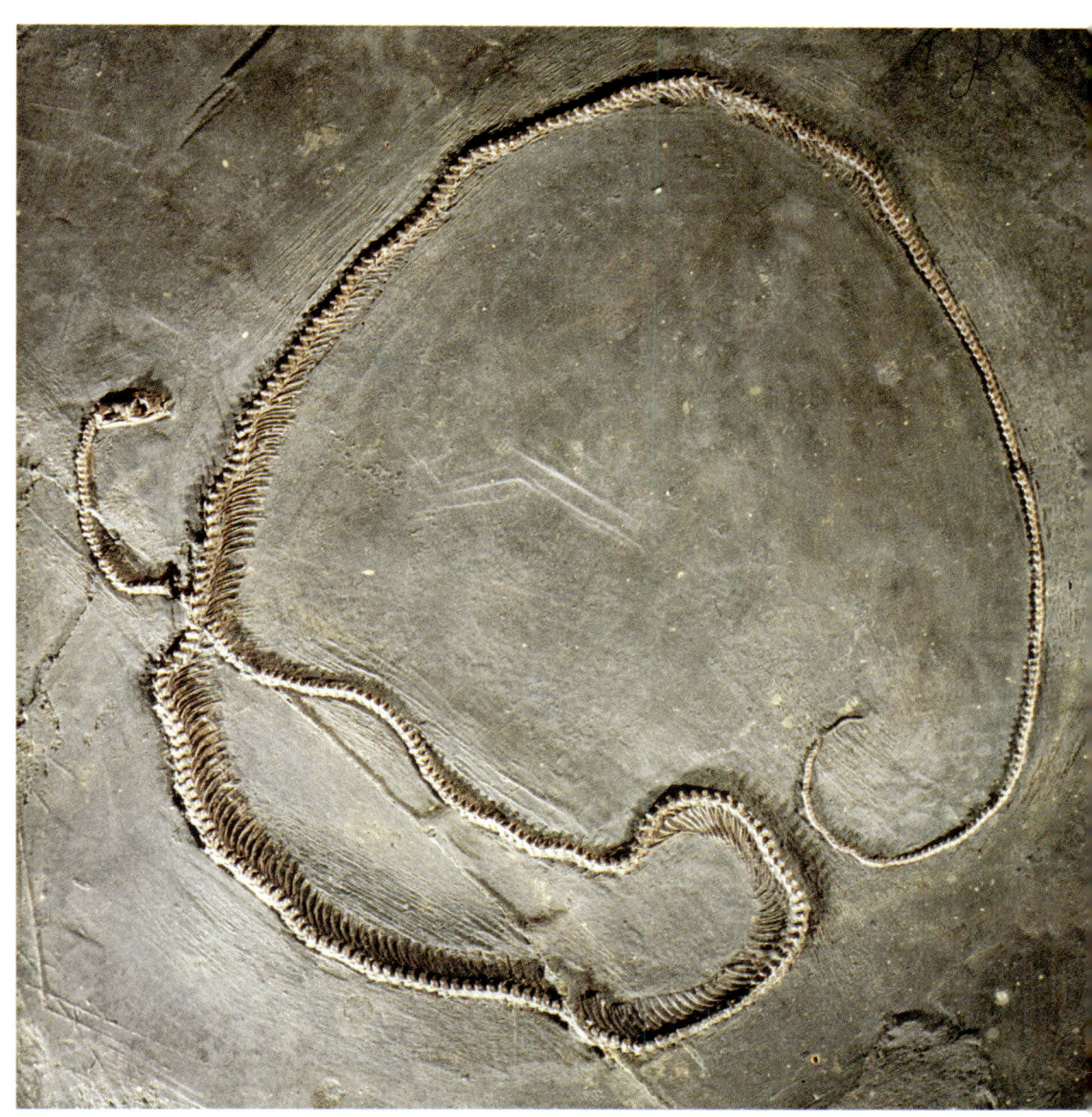

Ist die Schlange oben links
(ca. 90 cm) zusammengerollt
eingebettet worden, scheint
die Schlange oben rechts
(28 cm) in der Schlängelbewe-
gung erstarrt.

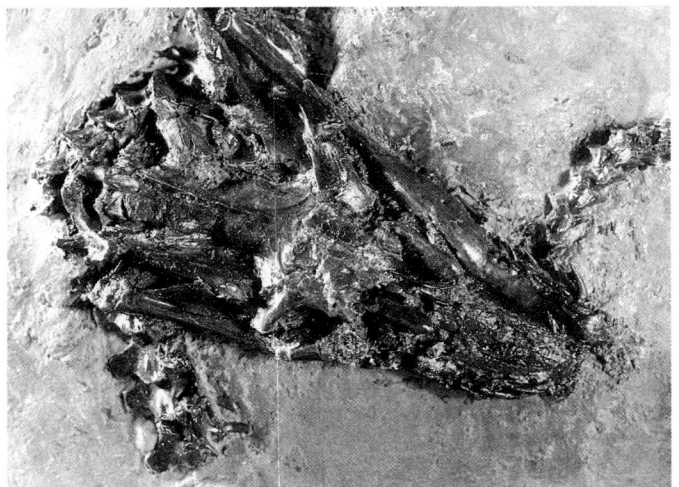

Kopf der auf der rechten Seite
unten abgebildeten Riesenschlange.

Ausgestreckt, in Schlängelbe-
wegung überlieferte Schlange; 43 cm.

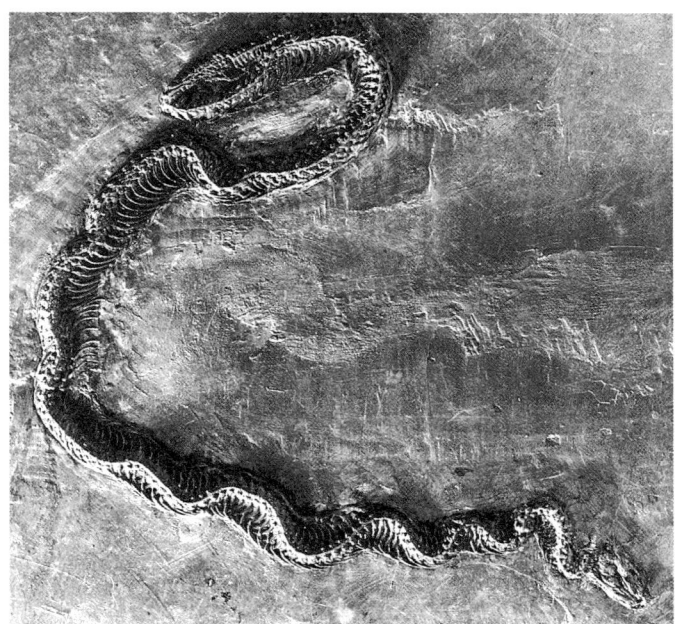

Unten: Riesenschlange;
Länge ca. 153 cm.

**Echsen (Lacertilia):** Echsen gehören in der Grube Messel zu den selteneren Fossilien. Es konnten zwar gerade in letzter Zeit einige neue Funde gemacht werden; doch sind diese zum überwiegenden Teil noch nicht wissenschaftlich bearbeitet.

Beschrieben wurden bisher mit *Saniwa feisti* ein Vorfahre der heutigen Warane (Varanidae) und eine Echse der Gattung *Eolacerta* aus der Familie der echten Eidechsen (Lacertidae).

Weitere Funde deuten darauf hin, daß neben diesen Arten noch u. a. Echsen aus den Familien der Schleichen (Anguidae), Höckerechsen (Necrosauridae) und der Skinke (Skinkomorpha) den eozänen Lebensraum Messel bevölkerten.

Rechte Seite: Echse mit vollständig bekieltem Schuppenpanzer; Länge 30 cm. Gegenplatte auf S. 77.

Rekonstruktion der großen Messeler Eidechse *Eolacerta.*

Skinkartige Echse;
Länge 36 cm.

Unten: Fußlose Echse (Schleiche); Länge 17 cm.

Folgende Doppelseite
104/105
Oben: Echse *Saniwa feisti;*
Länge 60 cm. Unten: Große
Eidechse *Eolacerta;*
Länge 85 cm.

Fußlose Echse (Schleiche);
Länge 13 cm.

Unten: Becken und Extremitäten der auf der folgenden Doppelseite unten abgebildeten
großen Eidechse *Eolacerta.*

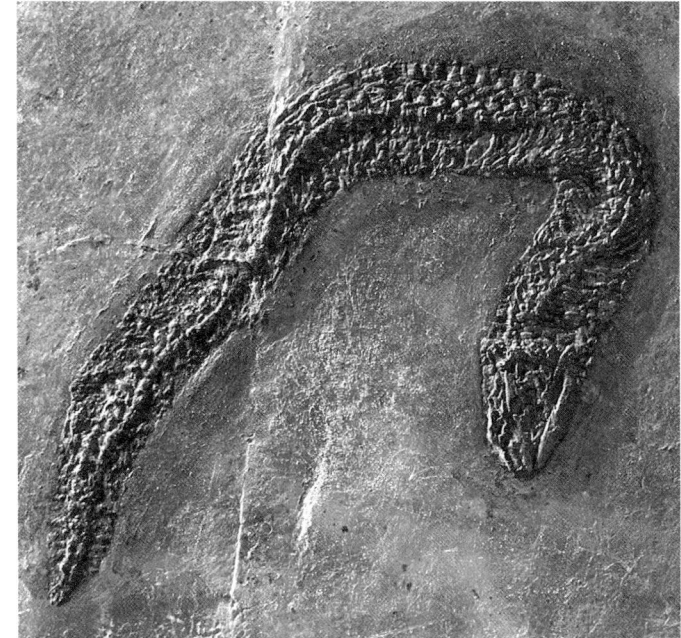

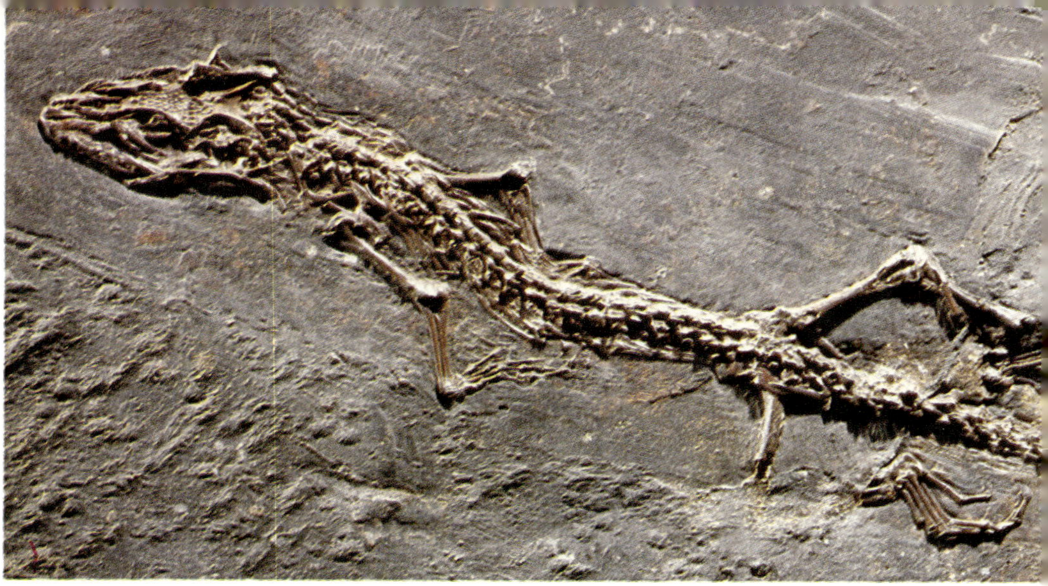

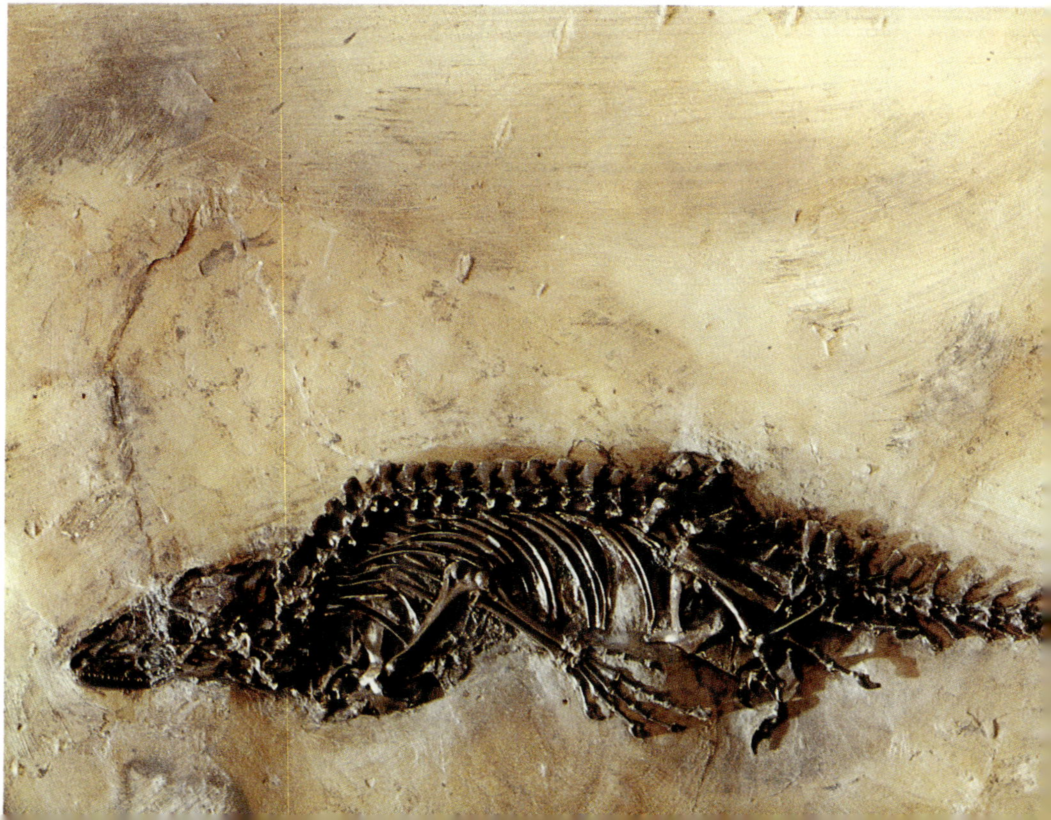

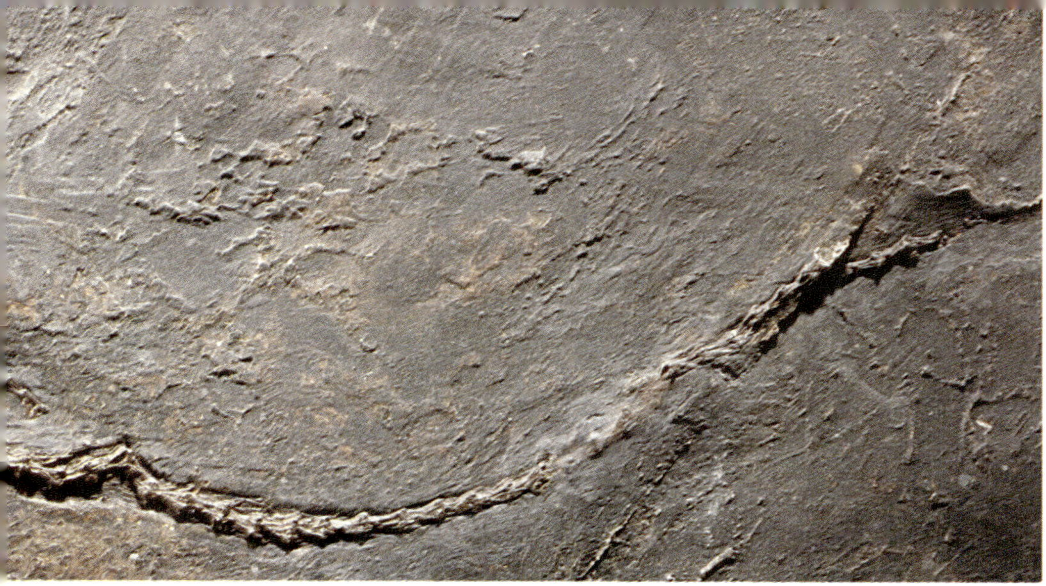

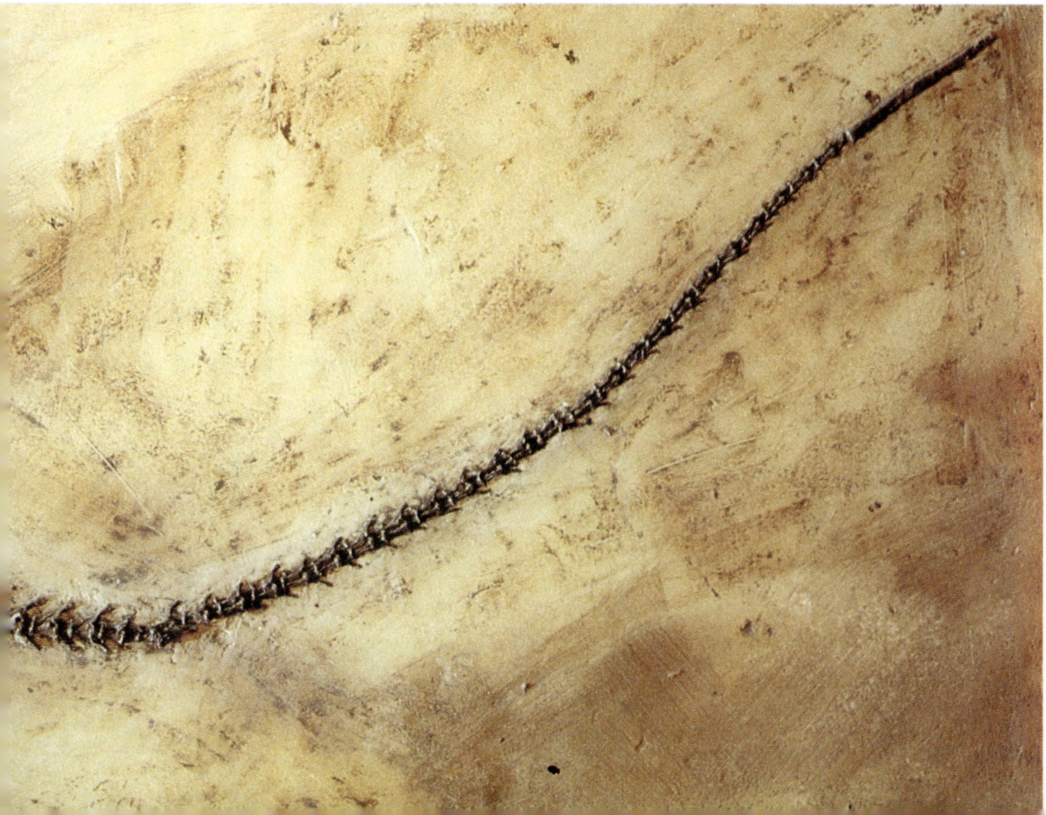

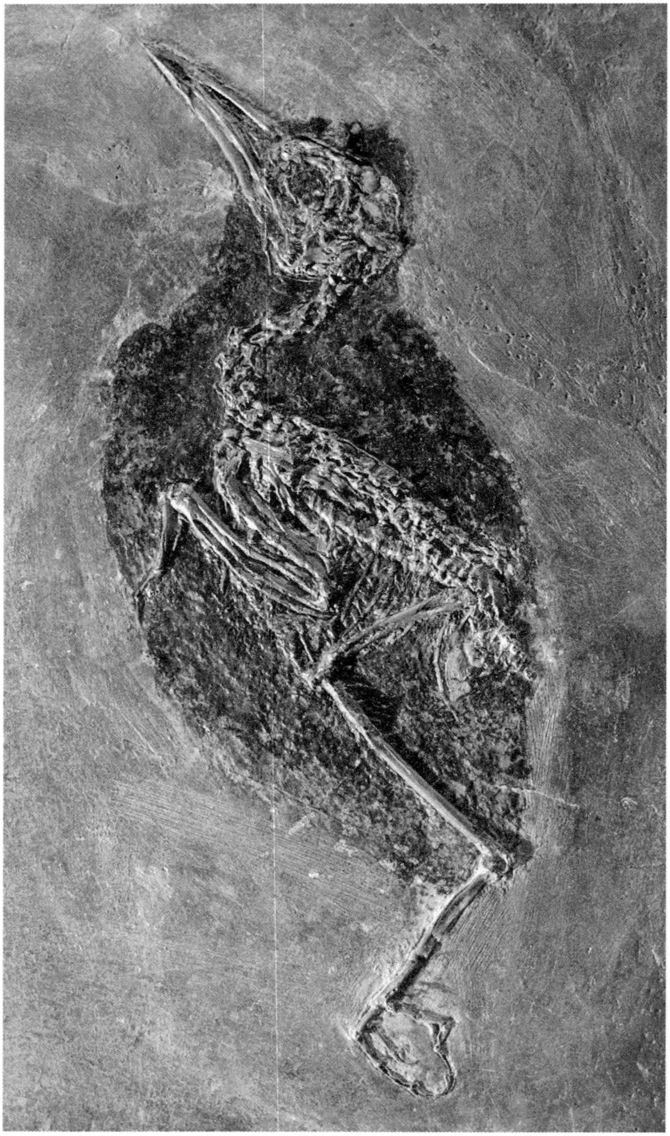

Großer Vogel mit Federerhaltung; Länge 25 cm.

Unten: Kopf eines papageienartigen Vogels; Länge 3,5 cm.

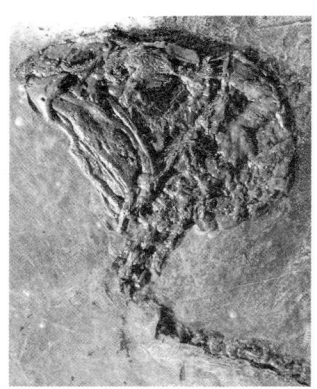

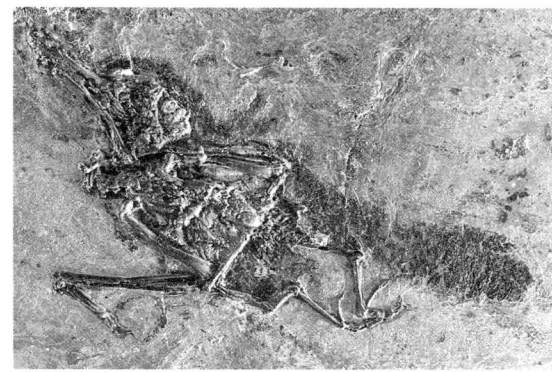

# Vögel (Aves)

Vor 150 Millionen Jahren war der Luftraum von fliegenden Reptilien, den Flugsauriern, bevölkert. Die Vögel selbst sind stammesgeschichtlich gesehen relativ jung; die Entwicklung dieser Tierklasse begann erst gegen Ende des Zeitalters der Reptilien.

Unser Wissen über die stammesgeschichtliche Entwicklung der Vögel setzt ein mit dem krähengroßen »Urvogel« *Archaeopteryx*, dessen fossile Reste in den ca. 150 Millionen Jahre alten Jurakalken der Umgebung von Solnhofen und Eichstätt gefunden wurden. Der Urvogel ähnelt mit seinem langen, durch knöcherne Wirbel gestützten Schwanz, den bezahnten Kiefern und dem kriechtierartigen Gehirn noch den Reptilien. Aber er besaß bereits echte Federn: *Archaeopteryx* konnte wahrscheinlich nicht nur gleiten, sondern auch schon fliegen, und verkörpert somit die frühe Form eines Vogels. Er ist wahrscheinlich eine Seitenlinie in der Entwicklungsreihe, an deren Ende unsere heutigen Vögel stehen.

Zu Beginn des Tertiärs kam es zu einer gewaltigen Entfaltung der Vögel. Kennt man aus dem Paläozän rund 40 Familien, so sind es zu Beginn des Eozäns mit 80 bereits doppelt so viel. Diese Tatsache verdeutlicht schlaglichtartig,

Oben links: Großer Singvogel mit Federerhaltung; 15 cm.
Rechts: Mittelgroßer Vogel mit Federerhaltung; Länge 9 cm.

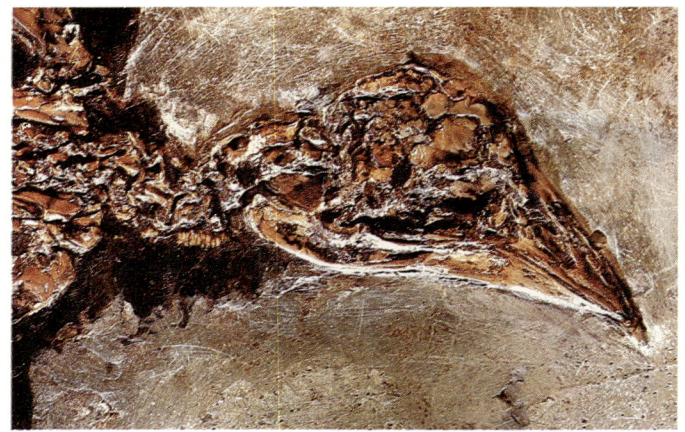

Die Bilder dieser Doppelseite zeigen einen großen Singvogel (30 cm) mit erhaltenem Federkleid. Linke Seite oben: Ausschnittvergrößerung des Kopfes mit den Schlundringen. Linke Seite unten: Ausschnittvergrößerung von Beckenbereich und Schwanzskelett.

welche wichtige Rolle das Eozän für die stammesgeschichtliche Entwicklung der Vögel spielte. Gegen Ende des Eozäns vor rd. 38 Millionen Jahren waren bereits fast alle heute lebenden Ordnungen vorhanden, und viele der heute bekannten 176 Vogelfamilien standen am Beginn ihrer Entwicklung.

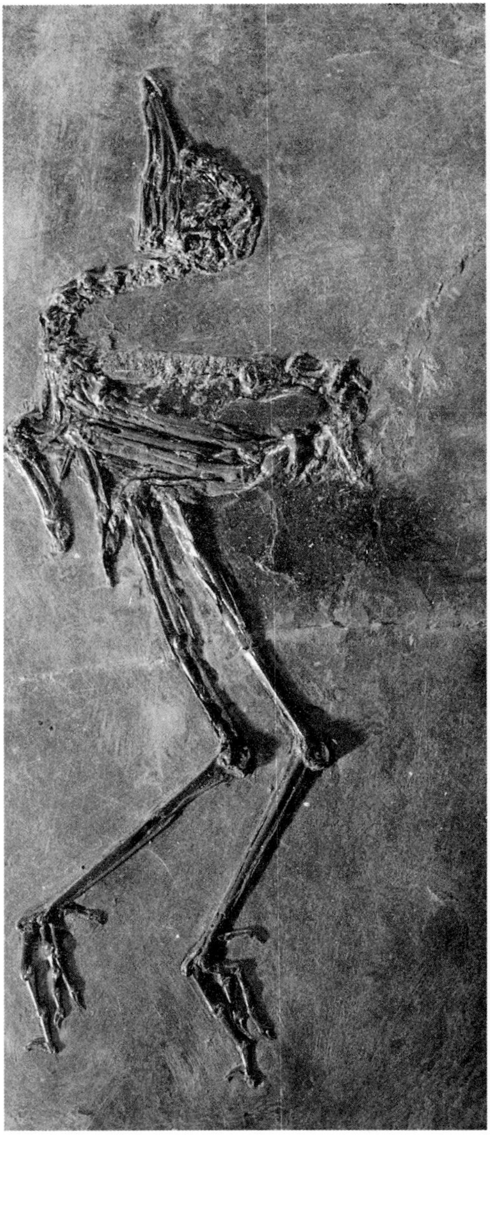

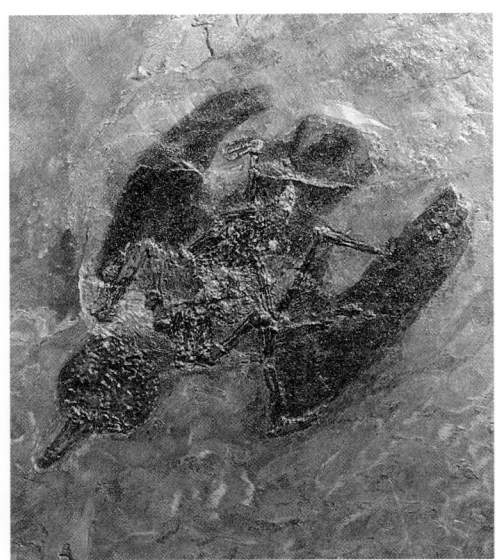

Oben links: Vogel mit Schatten des Gefieders; Länge 7 cm. Rechts: Skelett eines spechtartigen Vogels; Länge 21 cm.

Seite 110
Außen: Stelzvogel; Länge 27 cm. Oben: Kleiner Segler; Länge 7 cm. Unten: Vollständiges Vogelskelett; Länge 23 cm.

Ihren entwicklungsgeschichtlichen Höhepunkt erreichten die Vögel mit rd. 10 000 Arten etwa in der Zeit des Pleistozäns. Heute gibt es noch ca. 8600 Arten. Analog zur Entfaltung der Tierklasse der Aves nehmen auch die Fossilfunde von Vögeln in erdgeschichtlich jüngeren Perioden zu. Das ändert allerdings nichts an der Tatsache, daß Vogelfossilien ausgesprochene Seltenheiten sind. Verständlich wird das, wenn man überlegt, daß Vögel aufgrund ihrer oft geringen Größe und ihrer Lebensweise weit seltener zur Einbettung in Fluß-, See- oder Meeressedimenten gelangten und damit der Nachwelt erhalten blieben als z. B. Fische oder landbewohnende Tiere.

Unter diesen Aspekten muß die Grube Messel als paläontologischer Glücksfall bezeichnet werden. Nicht nur, daß hier eine große Zahl fossiler Vögel geborgen werden konnte, sie sind auch häufig hervorragend erhalten, mit vollständigem Skelett und vielfach sogar mit dem Gefieder. Bei bergfrischen Funden zeigen die Federn gelegentlich sogar noch bunte Farben. Allerdings läßt sich die Farbe nicht konser-

vieren. Bedauerlicherweise harrt der größte Teil der Vogelfossilien aus der Grube Messel noch der wissenschaftlichen Bearbeitung. Man kennt bisher u. a. Rallen-, Specht-,
Racken-, Hühner- und eulenartige Vögel.
Wissenschaftlich beschrieben sind drei Arten: *Diatryma* cf.
*steini*, *Rhynchaeites messelensis* und *Aegialornis szarskii*.
*Diatryma*, den etwa 2 m groß werdenden Laufvogel mit
greifvogelähnlichem Schnabel, kennt man auch aus dem
Geiseltal (Halle/Saale) und aus Nordamerika. Wahrscheinlich bewohnte er den an den Messeler Urwald angrenzenden savannenähnlichen Lebensraum. Von *Diatryma* hat
man bisher nur einen Oberschenkelknochen, der als Hohl-
form im Ölschiefer erhalten war, gefunden.
*Rhynchaeites* war ein äußerlich den Rallen ähnlicher Laufvogel, der wohl am Ufer des eozänen Messler Sees und im
Wald nach Nahrung suchte.
Ein schwalbenähnliches Aussehen charakterisiert den
zierlichen *Aegialornis* als guten und ausdauernden Flieger.
Vermutlich hat er über dem See nach Insekten gejagt.

Beutelratte *Peratherium*,
Bauchseite; Länge 30 cm.
Rechte Seite: Rückenansicht.

## Säugetiere (Mammalia)

Waren die Säugetiere von ihrer wahrscheinlichen Entstehung in der späten Trias- bzw. frühen Kreidezeit an durch die damals dominierenden Großreptilien in ihrer Entfaltung gehemmt, so änderte sich das schlagartig mit dem Aussterben der Dinosaurier gegen Ende der Kreidezeit. Die Säugetiere entwickelten sich von da an in zwei Linien geradezu explosionsartig. Die Linie der Beuteltiere (Marsupialia) war zunächst die erfolgreichere, wurde aber im Laufe der Zeit von den echten Säugetieren (Placentalia) verdrängt. Die Anzahl der Säugetiergattungen stieg von 150 zu Beginn des Tertiärs auf fast 600 im Eozän an.

Die fossile Säugetierfauna von Messel wird von entwicklungsgeschichtlich modernen Familien geprägt, deren Vertreter die Ausgangsformen für heute z. T. überaus erfolgreiche Gruppen stellten (Primaten, Huftiere, Raubtiere, Nagetiere). Daneben kamen in Messel aber auch Säugetiere zutage, die heute ausgestorben sind (Urraubtiere, Urhuftiere).

## Beuteltiere (Marsupialia)

**Beutelratten (Didelpidae):** Die meisten Menschen denken bei Beuteltier sofort an Australien und Känguruhs (Macropodidae). Diese stellen jedoch nur eine Sondergruppe innerhalb der großen Ordnung der Beuteltiere (Marsupialia) dar, in der vom wolfsähnlichen Raubbeutler (*Thylacinus*) bis zum Beutelmaulwurf (*Notoryctes*) alle erdenklichen Formen vertreten sind. Außerdem gibt es Beuteltiere nicht nur in Australien, sondern auch in Nord- und Südamerika.

Die Beuteltiere, die man bisher in der Grube Messel gefunden hat, gehören zur Familie der Beutelratten (Didelpidae), deren älteste Verwandte bereits aus der Oberkreide Nordamerikas bekannt sind. Von dort haben sie sich dann über die schon erwähnte Landverbindung zwischen der Alten und der Neuen Welt nach Europa ausgebreitet, wo Beutelratten beispielsweise, wie Fossilfunde belegen, vom Eozän an etwa 30 Millionen Jahre lang heimisch waren, bevor sie im Miozän ausstarben. In Asien konnten erst in allerjüngster Zeit Beutelratten erstmals fossil nachgewiesen werden.

Allen Beuteltieren gemeinsam ist die eigentümliche Art der Fortpflanzung. Die Keimlinge werden in der Gebärmutter nur sehr unvollkommen ernährt, da ein echter Mutterkuchen (Plazenta) fehlt. Beuteltiere verfügen nur über eine unterentwickelte »Dotterplazenta«. Deshalb bleiben die Keimlinge nur einige Tage in dieser Gebärmutter. Sie sind bei der Geburt sehr klein, die Sinnesorgane noch nicht ausgebildet und die Hinterextremitäten kaum entwickelt. Ihre weitere Entwicklung absolvieren die Keimlinge an den Zitzen des Muttertiers, die von einer schützenden Hautfalte, dem Beutel, umgeben sind. Diese Umgebung bietet den Keimlingen Schutz und Nahrung, bis sie aus der mütterlichen Obhut entlassen werden können.

Außer dieser eigentümlichen Fortpflanzungsweise unterscheidet Beuteltiere von anderen Säugetieren hauptsächlich ihr kleineres Gehirn, ein unvollständiger Zahnwechsel und eine etwas niedrigere Körpertemperatur. Außerdem haben Beuteltiere im Bereich des Schambeins ein Paar »Beutelknochen« (Praepubis), das bei beiden Geschlechtern vorhanden ist und nichts mit der beschriebenen Fortpflanzungsbiologie zu tun hat.

## Echte Säugetiere (Placentalia)

**Insektenfresser (Insectivora) im weitesten Sinn**

Die Ordnung der Insektenfresser gilt als die ursprünglichste, heute noch lebende Ordnung der echten Säugetiere (Placentalia). Sie läßt sich bis in die Kreidezeit zurückverfolgen, was ihr ausschlaggebende Bedeutung für die Stammesgeschichte der echten Säugetiere gibt. Systematisch ist die Ordnung der Insectivoren sehr komplex zusammengesetzt. Die genaue Abgrenzung der einzelnen Familien ist sehr schwierig und wissenschaftlich umstritten. Grundsätzlich unterscheidet man zwei Hauptgruppen. Zur ersten, den Lipotyphla, gehören alle »modernen« Familien der Insektenfresser und somit auch unsere rezenten Vertreter dieser Säugetierordnung: Igel, Maulwurf und Spitzmaus. Die zweite Gruppe der Proteutheria dient quasi als Auffangbecken, d. h., sie vereint die inzwischen ausgestorbenen Familien.

Kleiner Insektenfresser
*Macrocranion;* Länge 10 cm.

Die meisten der heute lebenden Insektenfresser sind däm-

merungs- bzw. nachtaktiv. Ihr Geruchs- und Gehörsinn ist daher meist sehr viel besser ausgebildet als die Sehfähigkeit. Einige Angehörige dieser Ordnung haben spezielle Schutzanpassungen entwickelt (Stacheln, Stinkdrüsen). Die Nahrung der meist kleinen Insektenfresser besteht neben Insekten aus anderen Kleintieren; aber auch pflanzliche Nahrung wie Früchte, Beeren etc. stehen auf ihrem Speiseplan.

Der Insektenfresser *Macrocranion tupaiodon*; Länge 28 cm. Wie er ausgesehen hat, zeigt die untenstehende Rekonstruktion.

Der bodenbewohnende Insektenfresser *Leptictidium auderiense;* Länge 63 cm.

Aus der Grube Messel wurden bisher fossil folgende Insektenfresser bekannt und wissenschaftlich bearbeitet:

Lipotyphla: *Macrocranion tupaiodon, Macrocranion tenerum* und *Pholidocercus hassiacus.*

Proteutheria: *Leptictidium auderiense, Leptictidium nasutum* und *Buxolestes piscator.*

Der schon relativ früh aus Messel bekannte Insektivor *Macrocranion tupaiodon* hatte etwa die Größe einer Ratte. *Macrocranion tenerum* war etwas kleiner. Beide Arten werden in Messel recht häufig gefunden, so daß sie als typische Tiere des Messeler eozänen Lebensraumes gelten dürfen.

Der ebenfalls etwa rattengroße Insektivor *Pholidocercus hassiacus* besaß als auffallende Spezialanpassung einen mit knöchernen Schuppen besetzten Schwanz. Sie boten, vermutlich in Verbindung mit Hornplättchen, dem Schwanz einen kettenhemdähnlichen Schutz vor Freßfeinden. Durch sein borstiges, vielleicht sogar steifes Rük-

Skelett eines Insektenfressers; Länge 30 cm.

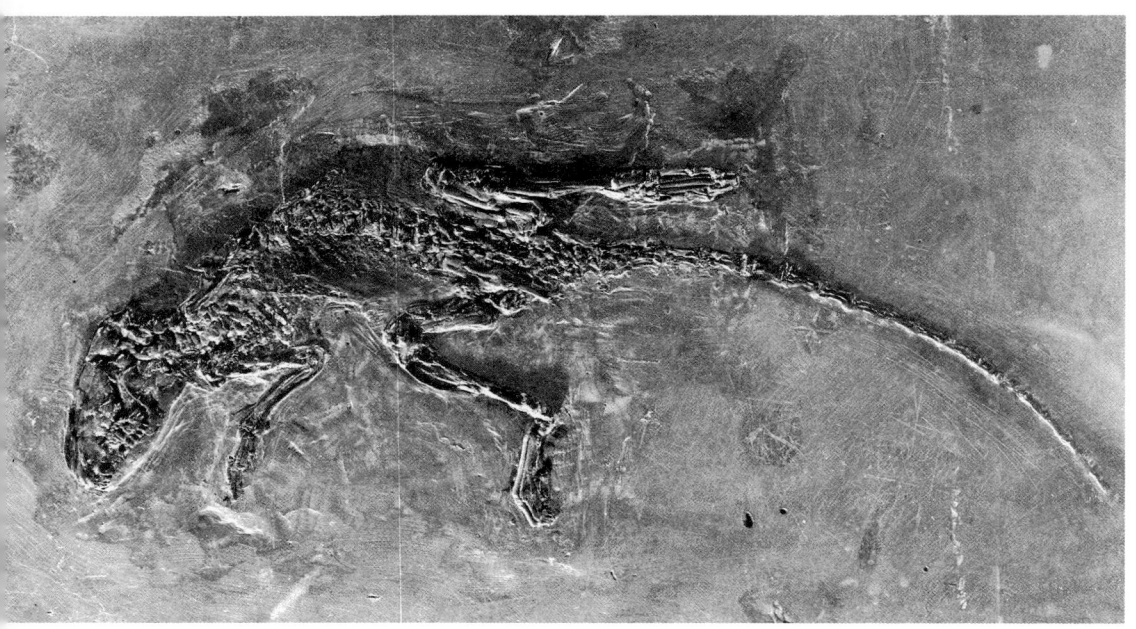

kenhaar glich *Pholidocercus* dem heutigen Haarigel (*Echinosorex gymnurus*). Insgesamt war das Tier wegen seiner ausgeprägten Schutzanpassung eine wenig attraktive Beute. Seine Nahrung dürfte sich aus Insekten, kleinen Tieren und pflanzlicher Kost zusammengesetzt haben.

*Leptictidium auderiense* und *Leptictidium nasutum* waren mit einer Gesamtlänge von etwa 60 bis 75 cm ausgesprochen große Vertreter der Messeler Insektivoren. Bemerkenswert sind bei ihnen die auffälligen Körperproportionen sowie einige anatomische Besonderheiten: etwa 60% der Gesamtlänge der Tiere entfallen auf den kräftigen Schwanz. Er bestand bei *L. nasutum* aus 43 bis 44 Wirbeln. Auffällig sind weiterhin die kurzen Vorderextremitäten und die kräftig ausgebildeten Hinterextremitäten, in deren Bereich auch der Körperschwerpunkt gelegen haben muß. Wadenbein und Schienbein waren nicht zu einer starren Knöchelgabel verwachsen, sondern konnten erstaunlicherweise Drehbewegungen vollführen. Nach diesen Skelettmerkmalen muß *Leptictidium* imstande gewesen sein, sich auf zwei Beinen fortzubewegen, wobei man sich diese Fortbewegung nicht, auch nicht bei einer schnelleren Gangart, als känguruhartiges Hüpfen vorzustellen hat, sondern als ein zweifüßiges Rennen mit angehobenem Oberkörper und Schwanz. Eine solche Fortbewegungsart suchen wir bei den heutigen Säugetieren vergebens.

*Leptictidium* war ein sehr schnelles, wendiges Tier und ein ausgesprochener Bodenbewohner. Er muß in der Lage gewesen sein, selbst kleine und flinke Echsen auf seinen Beutezügen durch das Unterholzdickicht des eozänen Messeler Urwaldes zu verfolgen und zu erbeuten. Auch andere kleine Wirbeltiere dürften zu seiner Nahrung gehört haben. So konnten z. B. im Magen eines Exemplares Knochen kleinerer Säugetiere nachgewiesen werden. Auch Pflanzen scheinen gefressen worden zu sein.

*Buxolestes piscator* schließlich weisen seine anatomischen Merkmale — starke Drehmöglichkeit der Oberarme, kräftiger Schwanz — als guten Schwimmer aus, der, vergleichbar einem Fischotter, im Messeler See auf Beutefang ging. Kleine Knochen im Magenbereich sowie Früchte (Weinbeeren, *Vitis*) deuten auf sowohl tierische wie auch pflanzliche Kost.

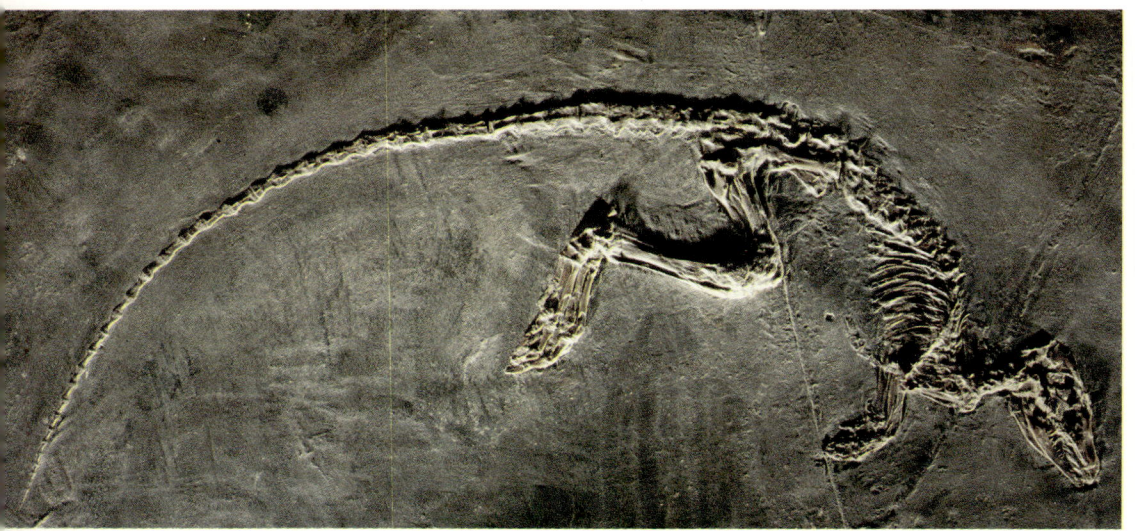

## Fledertiere (Chiroptera)

Unter den Fledertieren lassen sich zwei Gruppen, die Flughunde (Megachiroptera) und die Fledermäuse (Microchiroptera) unterscheiden.

Die fossilen Fledertiere der Grube Messel gehören zur Gruppe der Fledermäuse. Insgesamt sind bisher sechs Arten bekannt, wovon drei erst in jüngster Zeit beschrieben wurden: *Palaeochiropteryx tupaiodon*, *Palaeochiropteryx spiegeli*, *Archaeonycteris trigonodon*, *Archaeonycteris revilliodi*, *Hassianycteris magna* und *Hassianycteris messelensis*. Alle unterscheiden sich in Größe und Körperbau; am häufigsten ist *Palaeochiropteryx* tupaiodon.

Von keiner Tiergruppe hat man in Messel mehr Exemplare gefunden als von den Fledermäusen. Allein das Institut Royal des Sciences Naturelles de Belgique/Brüssel konnte in der Grabungskampagne des Jahres 1985 15 (!) vollständige Skelette bergen. Betrachtet man die Wirbeltiere der Grube insgesamt, so liegen der Zahl nach die Fledermäuse mit den Vögeln an zweiter Stelle nach den Fischen. Stammes-

*Leptictidium auderiense*, ein bodenbewohnender Insektenfresser; Länge 60 cm.

Rechte Seite: *Buxolestes piscator*, ebenfalls ein Insektenfresser, bevorzugte als Lebensraum das Wasser; Länge 80 cm.

Große Fledermaus mit einge-
falteten Flügeln; Länge 9 cm.
Rechts: Eine Ausschnittvergrößerung des Kopfes. Daneben: Rasterelektronenmikro-
skopische Aufnahme vom
Mageninhalt einer Fleder-
maus.

geschichtlich zählen die Messeler Fledermäuse zu den ältesten Funden dieser Säugetiergruppe. Nur aus dem Unteren Eozän von Wyoming in den USA kennt man einige wenige geologisch etwas ältere Exemplare. Die Fledermäuse des Eozäns unterscheiden sich von den heutigen Arten vorzugsweise durch den etwas primitiveren Körperbau; ansonsten sind kaum Unterschiede festzustellen. Daraus muß man schließen, daß der Ursprung der Fledermäuse geologisch noch viel weiter zurückliegt.

Die stammesgeschichtliche Entwicklung der Fledermäuse wirft einige bisher ungeklärte Fragen auf. Eine der wichtigsten ist die, wie Fledermäuse ihr unter Säugetieren einmaliges aktives Flugvermögen entwickelt haben. Auch andere Säugetiere, wie etwa das Dornschwanzhörnchen (*Anomalurus*) oder das Gleithörnchen (*Glaucomys volans*) können fliegen. Aber sie sind ausschließlich zum Gleitflug fähig, d. h., sie können mit Hilfe seitlicher Flughäute kürzere, überschaubare Strecken durch die Luft gleitend, also passiv, überwinden. Die Fledertiere dagegen haben die Vordergliedmaßen so umgebildet, daß diese sie im Verein mit der Flughaut zum aktiven Flug befähigen. Oberarm, Unterarm, besonders aber Finger — mit Ausnahme des Daumens — und Mittelhandknochen sind extrem verlängert und dienen als Stütze für die an der Körperseite entspringende Flughaut. Sie spannt sich vom Hals bis zum Daumen, von dort bis zu den Fingerspitzen und nach hinten bis zu den

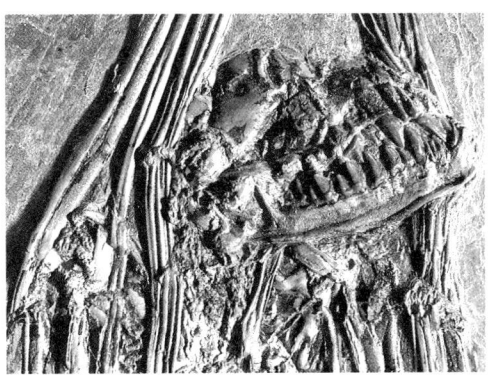
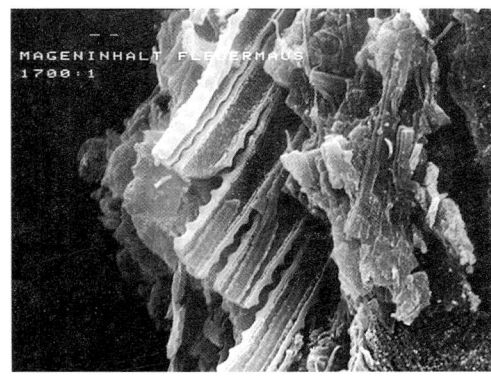

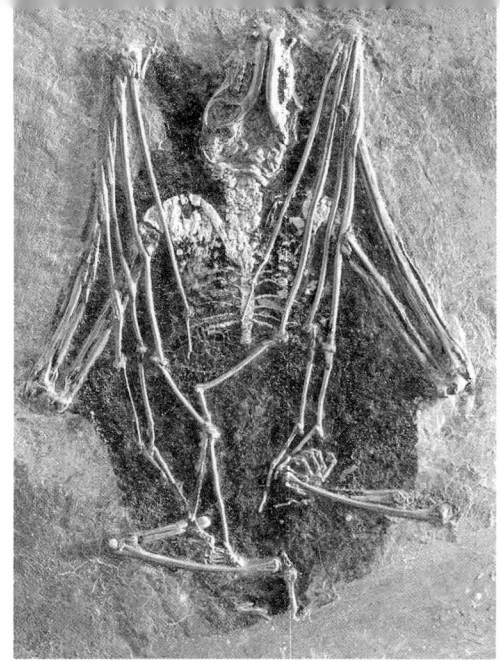

Fußwurzelknochen und schließlich als Schwanzflughaut zwischen den Hinterfüßen, wobei in der Regel der Schwanz als zusätzliche Stütze mit eingeschlossen ist. Dieser Flugapparat war schon bei den eozänen Fledermäusen perfekt ausgebildet, so daß die in Messel gefundenen Fossilien keinen Hinweis auf die Entwicklung des Flugvermögens geben können. Ein »missing link«, jene Zwischenform zwischen Fledertier und flugunfähigem, insektenfressendem Kleinsäugetier also, die Auskunft darüber geben könnte, ist bis heute leider noch nicht gefunden. Wir sind auf Mutmaßungen angewiesen. Sie gehen dahin, daß die Fledertiere von baumbewohnenden Kleinsäugern abstammen, die nachts kletternd und springend ihre Nahrung erbeuteten. Das Angebot an fliegenden Beutetieren (Falter, Käfer) sorgte dann im Laufe von Jahrmillionen schrittweise für die Entwicklung des beschriebenen Flugapparats. Mit anderen Worten: Die Fledertiere stießen erfolgreich in eine bis dahin von anderen höheren Lebewesen ungenutzte ökologische Nische vor. Sie taten das äußerst erfolgreich,

Zwei in Rückenlage eingebettete Fledermäuse. Das linke, 7 cm große Exemplar zeigt Hauterhaltung, das rechte Exemplar ist mit 8 cm nur wenig größer.

denkt man an solch erstaunliche Anpassungen wie die Fähigkeit des Jagens und sich Zurechtfindens bei Nacht mit Hilfe eines ultraschallähnlichen Ortungsverfahrens.

Ob auch schon die Messeler Fledermäuse so perfekt dazu imstande waren wie die heutigen etwa 150 bis 200 Fledermausarten, kann nicht mit Sicherheit gesagt werden. Es spricht einiges dafür. Neben der äußerlichen Ähnlichkeit zwischen fossilen und rezenten Fledermäusen auch eine vergleichbare Ernährungsweise. Sie läßt sich aus dem in vielen Fällen fossil überlieferten Mageninhalt schließen.

Untersuchungen mit dem Rasterelektronenmikroskop zeigen, was die einzelnen Messeler Fledermausarten gefressen haben: Sie unterschieden sich nicht nur äußerlich voneinander, sondern auch darin, was sie fraßen. Beispielsweise konnten im Magen von Tieren der Art *Palaeochiropteryx tupaiodon* Reste von nacht- bzw. dämmerungsaktiven Faltern nachgewiesen werden. Überreste von Tagfaltern fehlten bei dieser Art ganz. Dies läßt wohl den Schluß zu, daß auch diese Messeler Fledermausart bereits über ein licht-

Fledermaus mit leicht ausgebreiteten Flügeln; Länge 8 cm.

unabhängiges Beuteortungssystem verfügte, das es ihr ermöglichte, nachts auf die Jagd zu gehen.

Bei anderen Messeler Fledermausarten fand man im Magen Käferreste, die sich nicht näher bestimmen ließen, und so sind generelle Aussagen über ein Ortungssystem noch nicht möglich, aber nach vollständiger Auswertung der großen Zahl der Funde zu erwarten.

Abschließend läßt sich sagen, daß die Grube Messel wegen der artenreichen fossilen Fledermausfauna, dem exzellenten Erhaltungszustand der Funde und weil fossile Fledermausüberreste allgemein extrem selten sind, die bedeutendste Fundstelle für diese Säugetierordnung weltweit darstellt.


## Herrentiere (Primates)

Die Säugetierordnung der Primaten umfaßt mit zwei Unterordnungen (Halbaffen, Affen) und 15 heute lebenden Familien viele Vertreter von unterschiedlicher stammesgeschichtlicher Entwicklungshöhe. Das Spektrum reicht von den Spitzhörnchen (Tupaioidae) bis zum Menschen (Hominidae).

Die frühesten Vertreter der Herrentiere zeigen sehr viel Übereinstimmung mit den Insektenfressern, so daß eine eindeutige Zuordnung von Funden aus der Übergangszeit oft sehr schwierig ist. Wissenschaftlich gesichert scheint, daß sich die frühen halbaffenähnlichen und baumbewohnenden Primaten aus bodenbewohnenden Insektenfressern entwickelt haben. Durch die Anpassung an das Baumleben kam es zu einigen anatomischen Veränderungen. So wanderten die seitlich stehenden Augen nach vorne. Verbunden damit entwickelte sich die Fähigkeit des räumlichen Sehens, während sich der Geruchssinn und der durch die Nase längliche Gesichtsschädel zurückbildeten: Primaten sind heute ausgesprochene Augentiere.

Auch die Extremitäten unterlagen Veränderungen: Die Krallen an Fingern und Zehen bildeten sich zu Nägeln um. Zugleich konnten Daumen und Großzehe mehr und mehr abgespreizt werden, bis schließlich Oppositionsstellung erreicht war. Das befähigt Primaten, sich greifkletternd in den Bäumen fortzubewegen. Sie benötigen keine Krallen mehr, um sich damit in die Baumrinde einzuhaken.

Die Entwicklung vom bodenbewohnenden Insektenfresser zum baumbewohnenden Primaten fand nach dem heutigen Stand der Wissenschaft im Grenzbereich Obere Kreide – frühestes Tertiär statt, also vor rd. 65 Millionen Jahren. In der Grube Messel sind bisher nur Teilskelette von Primaten, vor allem die charakteristischen Greifextremitäten, entdeckt worden. Sehr wichtig, weil bestimmbar, war der Fund eines Schädels mit Gebiß. Er stammt von einem lemurenartigen Halbaffen (Adapidae; *Europolemur* sp.), der auch von anderen eozänen Fundstellen bekannt ist. Aus der Grube Messel sind mit Sicherheit weitere Primatenfunde zu erwarten, besonders wenn man berücksichtigt, daß aus der vergleichbaren eozänen Fundstelle des Geiseltales bei Halle/Saale nicht weniger als fünf Arten von Primaten bekannt sind.

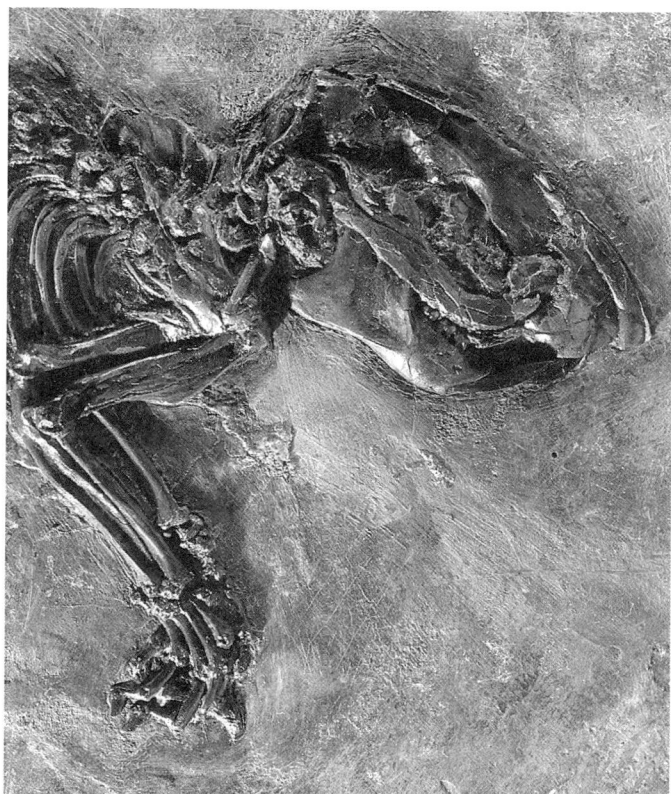

Vorderabschnitt des Nagetieres *Microparamys*; Schädellänge 5 cm.

## Nagetiere (Rodentia)

Die Nagetiere sind heute mit rd. 1700 Arten die erfolgreichste Säugetierordnung. Die Antarktis ausgenommen bevölkern sie alle Kontinente und sind in allen Klimazonen und Lebensräumen vertreten. Den Namen haben sie von ihrem auffälligen Merkmal, den Nagezähnen: Ober- und Unterkiefer tragen jeweils ein Paar dieser verlängerten Schneidezähne. Mit ihnen bearbeiten die Tiere hartschalige Früchte, Holz und selbst Knochen. Die Nagezähne schärfen sich durch den ständigen Gebrauch selbst nach, da der harte Schmelz nur die Vorderseite des Zahnes bedeckt, der aus Dentin aufgebaut ist, das sich relativ schnell abnutzt. Ständiges Wachstum gleicht die Abnutzung weitgehend aus. Eckzähne fehlen den Nagetieren ganz. Eine Zahnlücke nach den Schneidezähnen und ein sehr gelenkiger Kiefer machen das Zermahlen der Nahrung möglich.

Die stammesgeschichtliche Herkunft der Nagetiere ist noch nicht eindeutig geklärt. Die bisher ältesten Formen (*Paramys*) stammen aus dem ältesten Eozän (sog. Clarkforkian) Nordamerikas. Sie besaßen bereits die für die Nagetiere typische Gebißstruktur. Die Ursprungsformen dieser Säugetierordnung müssen demnach weit früher zu suchen sein. Der Bau des Schädels läßt vermuten, daß Nagetiere und Primaten eine gemeinsame Wurzel haben.

Aus Messel sind bisher drei Gattungen mit vier Arten bekannt: *Ailuravus macrurus, Massilamys beegeri, Massilamys krugi* und *Microparamys parvus*.

Großer Nager *Ailuravus macrurus;* Länge 85 cm.

Großer langschwänziger Nager *Ailuravus;* Länge 100 cm.

*Ailuravus macrurus* übertrifft an Größe alle seine eozänen Messeler Verwandten. Ausgewachsen erreichte er etwa die Größe eines Murmeltieres. Der auffallend lange, kräftige und dicht behaarte Schwanz gab *Ailuravus* ein dem heutigen indomalaiischen Riesenhörnchen (*Ratufa*) ähnliches Aussehen. Die bekrallten Extremitäten weisen darauf hin, daß *Ailuravus* gut klettern konnte. Möglicherweise entsprach seine Lebensweise im Messeler Urwald der heutiger Hörnchen, mit denen er jedoch nicht verwandt ist.

*Massilamys beegeri* und *Massilamys krugi* hatten etwa Eichhörnchengröße, *Microparamys parvus* war noch etwas kleiner. Über die Lebensweise dieser drei Arten lassen sich bisher keine Aussagen machen.

### Nebengelenktiere (Xenarthra)

**Ameisenbären (Myrmecophagidae):** Die Ameisenbären gehören mit den Faultieren (Bradypodidae) und den Gürteltieren (Dasypodidae) zur Ordnung der Nebengelenktiere. Ihr unterscheidendes Kennzeichen sind zusätzliche Gelenkhöcker bzw. Gelenkgruben an den Lenden- und an den letzten Brustwirbeln. Sie geben dem Lendenabschnitt erhöhte Festigkeit.

Rechte Seite: *Microparamys parvus*, ein kleines Nagetier; Länge 27 cm.

Das heutige Verbreitungsgebiet der Nebengelenktiere ist Mittel- und Südamerika. Zur Eiszeit gab es in Nord- und Südamerika ausgesprochene Riesenformen. So erreichte das *Megatherium* die Größe eines Elefanten. Stammesgeschichtlich ging man bisher davon aus, daß die Angehörigen dieser Säugerordnung auf die Neue Welt beschränkt waren, zumal fossile Überreste von Ameisenbären nur aus Südamerika vorlagen. Man erklärte sich das damit, daß Südamerika geografisch sehr früh von anderen Erdteilen getrennt wurde und lange Zeit isoliert war, mit der Folge der Entwicklung einer erdteilspezifischen Sonderausbildung von Fauna und Flora ähnlich wie in Australien. Nach dieser Theorie kam es erst im Pliozän/Pleistozän zu einer erneuten Landverbindung und somit zu einem Faunentausch zwischen Nord- und Südamerika.

Unter diesen Aspekten muß der Fund eines eozänen Ameisenbären *Eurotamandua joresi* in der Grube Messel geradezu als paläontologische Sensation gelten, widerlegt er doch die bisher geltende Ansicht der frühen und langdauernden geografischen Isolation Südamerikas. Auffällige Übereinstimmungen des 86 cm großen Messeler Exempla-

Linke Seite: Rekonstruktion des Messeler Ameisenbären.

131

res mit der heute noch in Südamerika vorkommenden Ameisenbärenart *Tamandua tetradactyla* sind ein gewichtiges Argument dafür, daß es eine Landverbindung zwischen Amerika und Europa gegeben haben muß.

Gemeinsamkeiten im Körperbau bei fossilen und rezenten Ameisenbären legen eine vergleichbare Lebensweise nahe. Demnach müßte *Eurotamandua joresi* ein Nahrungsspezialist gewesen sein, der sich von Termiten oder ähnlichen Insekten ernährte, deren Baue er als ausgesprochener Hackgräber mit den überaus kräftigen Krallen an den vorderen Extremitäten aufgeschlagen haben dürfte. Die heutigen Ameisenbären der Gattung *Tamandua* bevorzugen Waldränder und Baumsavannen als Lebensraum und sind sowohl Baum- wie Bodenbewohner.

Allerdings ist bei *Eurotamandua joresi* die Schwanzwirbelsäule noch nicht so perfekt zum Greif- und Stützorgan entwickelt wie bei seinem rezenten Nachfahren *Tamandua*. Aber immerhin konnte der fossile Messeler Ameisenbär sich nach dem anatomischen Befund auch in Bäumen aufhalten. So wird man als Lebensraum für *Eurotamandua joresi* nicht die unmittelbare, urwaldähnliche Umgebung des Messeler Sees annehmen dürfen, sondern eher die angrenzenden savannenähnlichen Gebiete bzw. den Waldrand des eozänen Urwaldbiotops. Dafür, daß es so etwas in der Umgebung des Messeler Sees gegeben hat, spricht auch der Nachweis des Großlaufvogels *Diatryma*, von dem man aus vergleichbaren, nicht in Messel gemachten Funden, weiß, daß er ebenfalls kein Urwaldbewohner gewesen ist.

In den Messeler See gelangten die Tiere der angrenzenden Lebensräume als Kadaver; den Transport besorgten Schwemmfluten, möglicherweise auch die vermuteten Zuflüsse. Für diese Deutung spricht auch, daß es sich bei *Eurotamandua joresi* bisher um einen Einzelfund handelt. Hätte es in unmittelbarer Seeumgebung viele Ameisenbären gegeben, hätte man mit Sicherheit mehr Überreste gefunden.

Die Wissenschaftler hoffen natürlich, daß in den 2 Millionen Jahren, die es den See gab, mehr als ein Ameisenbär auf dem Seegrund seinen letzten Ruheplatz fand, und auch entdeckt wird, bevor er unter Müll verschwindet.

Der Messeler Ameisenbär *Eurotamandua joresi;* Länge 86 cm.

## Schuppentiere (Pholidota)

Ihre eigenartige Körperbedeckung verleiht den heute noch in den tropischen Urwäldern Asiens und Afrikas vorkommenden Schuppentieren (Manidae) ein recht urtümliches Aussehen. Schon lange wurde vermutet, daß die formenarme Ordnung das Resultat einer sehr frühen stammesgeschichtlichen Entwicklung innerhalb der Säugetiere ist, die in der Oberen Kreide begann. Im frühen Tertiär müßte demnach der Anpassungstyp Schuppentier weitgehend in seiner heutigen Ausprägung vorgelegen haben. Diese These fand mit den Messeler Funden von *Eomanis waldi* eine eindrucksvolle Bestätigung.

Der Name »Schuppentier« spricht ihre charakteristische Körperbedeckung an. Die Schuppen sind nicht, wie man glauben könnte, umgewandelte Haare, sondern − vereinfacht gesagt − verhornte, schuppenartige Fortsätze der Haut, die zeitlebens wachsen und so die Abnutzung ausgleichen. Die Schuppen bedecken − ausgenommen die Unterseite − den ganzen Körper einschließlich des kräftigen Schwanzes.

Schuppentiere haben einen gedrungenen Körper und kurze, kräftige Gliedmaßen. Die Vorderfüße tragen große, nach innen gekrümmte Grabklauen, die die Schuppentiere als sehr gute Scharrgräber ausweisen. Am Skelett des Schädels vermißt man Ansatzstellen für Kaumuskeln, die Unterkieferhälften sind zu schmalen Knochenspangen zurückgebildet und wie die Oberkiefer zahnlos. Die Schnauze ist verlängert und die Mundöffnung verengt.

Alle diese Besonderheiten verraten eine weitgehende Spezialisierung der Schuppentiere in Lebens- und Ernährungsweise. Ihre bevorzugte Beute sind Ameisen und Termiten, deren Bauten sie mit den kräftigen Klauen freilegen und öffnen. In Bäumen angelegte Bauten erreichen sie kletternd. Beute nehmen sie mit der klebrigen, außergewöhnlich langen Zunge auf. Maniden haben keine Zähne und können keine Kaubewegungen ausführen. Also gelangen die Insekten unzerkaut in den Magen. Dort werden sie von einem speziellen Organ mechanisch zerrieben und ausgepreßt.

Einen gewissen Schutz vor Feinden bietet den zahnlosen

und schwerfälligen Schuppentieren ihre weitgehend nächtliche Lebensweise. Dazu kommen als »aktive« Schutzmaßnahmen scharfrandige Hornschuppen, die die Tiere aufstellen können, und die Fähigkeit, sich einzurollen und dabei den geschuppten Schwanz so um den Körper zu schlagen, daß er die schuppenlose Unterseite bedeckt.

Bei einem Vergleich mit ihren heutigen Nachfahren schneiden die fossilen Schuppentiere aus der Grube Messel gar nicht so schlecht ab. *Eomanis waldi* verrät einen erstaunlich hohen Grad biologischer Anpassung. Alle oben beschriebenen körperbaulichen und äußeren Merkmale heutiger Schuppentiere sind auch schon bei ihm zu finden, wenn auch nicht so perfekt ausgebildet. Auch *Eomanis waldi* trug Schuppen; sie konnten inzwischen direkt am Fossil nachgewiesen werden. Bei der Präparation war aufgefallen, daß die Tiere eine ungewöhnliche Menge kohliger Substanz umgab, die man als Überbleibsel der Hornschuppen ansprechen muß. Nur bei bzw. um den Schwanz stellte man besagte kohlige Substanz bisher noch nie fest. Er dürfte demnach bei den Messeler Schuppentieren nicht beschuppt gewesen sein, was insgesamt auf eine geringere Körperbeschuppung hindeutet.

Die vergleichsweise schwache Schwanzwirbelsäule und der Bau des Beckens zeigen, daß *Eomanis waldi* kaum im-

Rekonstruktion des Messeler Schuppentieres *Eomanis waldi*.

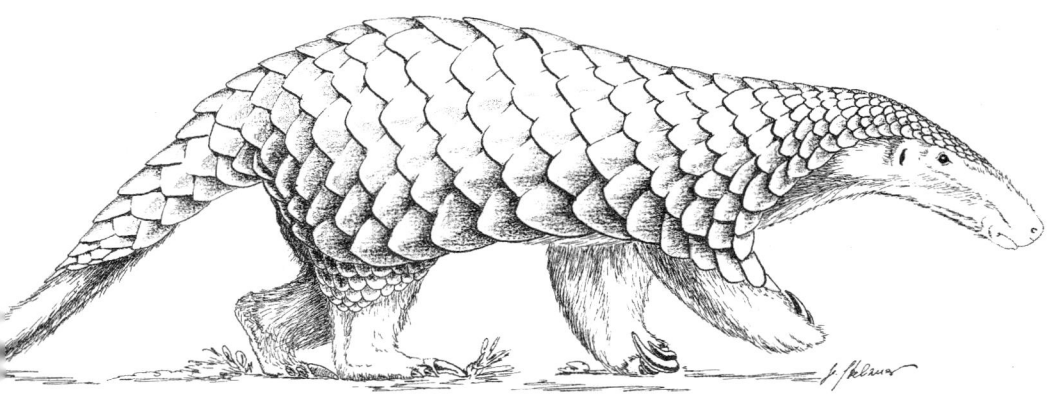

stande gewesen sein dürfte, sich bei Gefahr ganz zur Kugel einzurollen. Er konnte auch den Schwanz nicht als Kletterhilfe benützen, dafür war dieser nicht kräftig genug. *Eomanis waldi* dürfte ein Bodenbewohner gewesen sein.

Aus dem Bau des Schädels und weiteren Skelettmerkmalen der Messeler Schuppentiere ist eine Ernährungsweise zu folgern, wie wir sie bei den heutigen Maniden finden. *Eomanis waldi* muß als Futterspezialist von kleinen ameisen- bzw. termitenähnlichen Insekten gelebt haben, die mit der Zunge aufgenommen und unzerkaut geschluckt wurden. Geöffnet haben die Messeler Schuppentiere die Baue ihrer Futtertiere mit den Grabkrallen.

Der Messeler Ölschiefer überliefert die geologisch ältesten Vertreter der Maniden und die am vollständigsten erhaltenen fossilen Schuppentiere überhaupt. Sie vermitteln uns einen einmaligen Einblick in die Lebens- und Ernährungsweise der eozänen Vertreter dieser Säugetierordnung.

## Urraubtiere (Creodonta, Hyaenodonta)

Lange Zeit faßte man eine Reihe verschiedener, heute ausgestorbener Tiere mit Raubtiermerkmalen zur Gruppe Creodonta zusammen. Sie galten als Stammformen der echten Raubtiere (Carnivora). Neuere Untersuchungen zei-

Das Messeler Schuppentier *Eomanis waldi*; Länge 39 cm.

Unbeschriebenes mittel—
großes Raubtier mit vollständigem Fell; Länge 45 cm.

gen jedoch, daß das so nicht stimmt. Die Creodonten waren zwar vom Aussehen her Raubtiere, aber nicht stammesgeschichtlich betrachtet. Einige Creodonten erwiesen
sich gar als primitive Huftiere, wie etwa *Kopidodon macrognathus* aus der Grube Messel.

Auch unter den Creodonten gab es Tiere, die als Raubtiere
Fleischnahrung bevorzugten. Aber sie entstanden unabhängig, parallel zu den echten Raubtieren. Diese raubtier-

ähnlichen Formen faßt man heute in einer eigenen Familie, den Hyaenodonta, zusammen. Sie unterscheiden sich von den Carnivoren durch ein primitiveres Gehirn, eine andere Anordnung der Zähne und den Fußbau. Als Raubtier weist die Hyaenodonten die Entwicklung der »Brechschere« aus, die der der echten Raubtiere nicht homolog ist. Sie wird bei den echten Raubtieren (Carnivora) durch ein immer an der gleichen charakteristischen Stelle im Gebiß liegendes Paar Ober- und Unterkieferzähne gebildet und dient zur besseren Zerkleinerung der Nahrung. Die »Brechschere« war bei den Hyaenodonten weniger differenziert und nahm eine mit der Art wechselnde Position im Gebiß ein.

In Messel sind die Hyaenodonten bisher nur mit der Art *Proviverra edingeri* vertreten. Gefunden hat man ein Jungtier, bei dem der Zahnwechsel noch nicht abgeschlossen war. Seine Größe beläuft sich auf rund 20 cm (ohne Schwanz).


## Raubtiere (Carnivora)

Das verstärkte Auftreten pflanzenfressender Säugetiere im Eozän führte auch zu einer schnelleren Entwicklung fleischfressender Säugetiere, die sich diese neue Nahrungsquelle erschlossen. Parallel zu den Urraubtieren (Creodonta) erschienen nach und nach die echten Raubtiere (Carnivora).

Als entwicklungsgeschichtliche Stammform — und damit als die erdgeschichtlich ältesten Raubtiere — gelten heute die Miaciden. Die anatomischen Merkmale dieser wiesel- bis wolfsgroßen Raubtiere waren insgesamt sehr primitiv. Ihr Brechscheren-Gebiß entsprach aber im Aufbau bereits dem der heutigen Raubtiere. Von diesen stammesgeschichtlich frühesten Carnivora überlieferte Messel bisher zwei Arten, die jeweils durch Funde mehrerer juveniler Tiere belegt sind: *Paroodectes feisti* und *?Miacis kessleri*.

*P. feisti* ähnelt äußerlich der heute auf Madagaskar vorkommenden Frettkatze (*Cryptoprocta ferox*). Skelettmerkmale weisen das Tier als sehr guten Kletterer aus, dessen bevorzugter Lebensraum die Wipfelregion der Bäume gewesen

So dürfte das auf Seite 137 abgebildete Raubtier ausgesehen haben.

Seite 140
Unbeschriebenes junges Säugetier; Länge 9 cm. Oben: Ausschnittvergrößerung des Schädels.

Seite 141
Katzenartiges Raubtier ?*Miacis kessleri;* Länge 23 cm.

sein dürfte, obwohl er sich sicher auch am Boden gewandt fortbewegen konnte. Seine Hauptnahrungsquelle dürften die aus Messel zahlreich bekannten Insektenfresser und Nagetiere gewesen sein.

Von *Miacis kessleri* hat man bisher nur sehr junge Tiere gefunden. Das erschwert eine genaue Bestimmung, weil ihr Milchgebiß die für die endgültige Einordnung notwendigen Aussagen nur eingeschränkt zuläßt. *Miacis kessleri* war überwiegend wohl baumbewohnend. Der bisher bei einem Exemplar belegte buschige Schwanz dürfte — das gilt auch für *Paroodectes feisti* — als Gleichgewichts- und Steuerorgan bei der Fortbewegung, vor allem beim Springen »von Ast zu Ast« gedient haben.

Auch wenn mittlerweile weitere, bis dato unbekannte Raubtiere vorliegen, läßt sich insgesamt für die Raubtier-

fauna von Messel sagen, daß sie im Vergleich mit dem Geiseltal bei Halle/Saale unterrepräsentiert ist. Man darf mit Fug und Recht in der Grube Messel in dieser Hinsicht noch einiges an Neufunden erwarten.

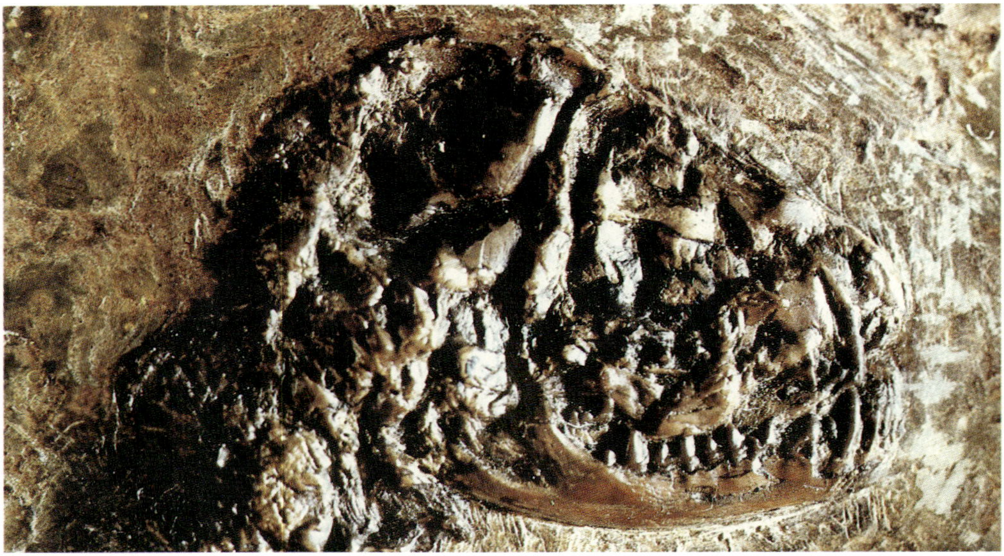

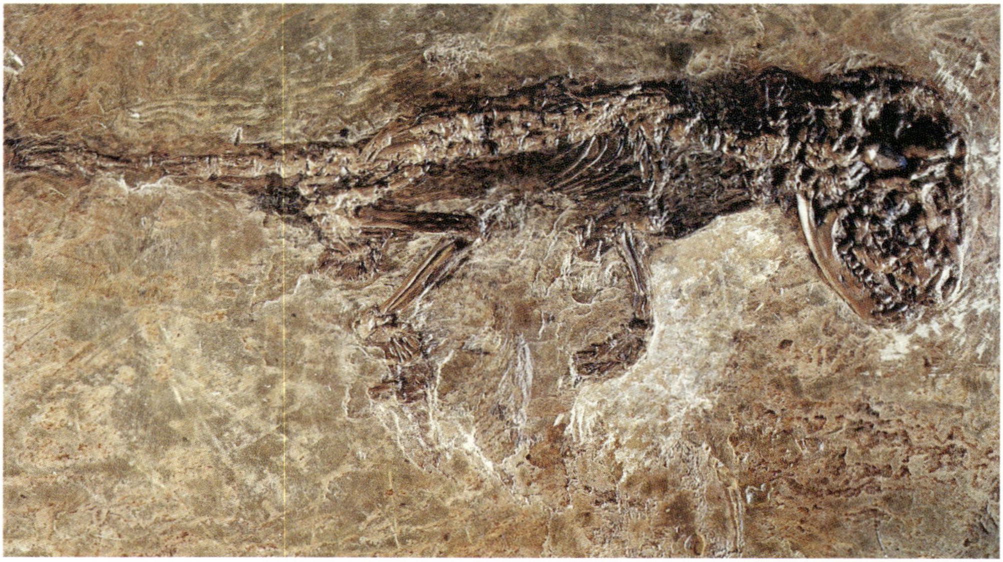

## Urhuftiere (Condylarthra)

Als Urhuftiere bezeichnet man verschiedene primitive Säugetiere, die der Wurzel der späteren Huftiere nahestehen. Ihre Stellung in der Stammesgeschichte der Säugetiere ist noch nicht in allen Punkten eindeutig geklärt.

Aus Messel kennt man bisher nur ein Urhuftier, *Kopidodon macrognathus*. Es war etwas kleiner als ein heutiger Dachs. Auffallende Merkmale sind der lange Schwanz und relativ große Vorder- und Hinterfüße mit kräftigen Krallen sowie mächtige obere und untere Eckzähne. Andere körperbauliche Besonderheiten oder gar Spezialanpassungen bietet *K. macrognathus* nicht. Das macht eine Rekonstruktion seiner Lebensweise äußerst schwierig.

Wegen der großen Eckzähne wurde *Kopidodon macrognathus* anfangs zu den Urraubtieren (Creodonta) gezählt. Auch die kräftigen Krallen könnten zum Fangen der Beute eingesetzt worden sein. Bei näherer Untersuchung des Gebisses konnte diese Zuordnung jedoch nicht aufrecht erhalten werden. *Kopidodon* dürfte kaum ein ausgesprochener Fleischfresser gewesen sein, sondern in der Hauptsache Pflanzen gefressen haben. Die großen Eckzähne mögen in erster Linie der Verteidigung und nicht dem Beuteerwerb gedient haben.

Der Bau der kräftigen Krallen läßt den Schluß zu, daß *Kopidodon macrognathus* sehr gut klettern konnte; die großen Hände und Füße und der lange Schwanz gaben dem Tier dabei die nötige Stütze. Das Messeler Urhuftier bewohnte wahrscheinlich als Krallenkletterer die Baumregion des eozänen Messeler Lebensraumes. Seine Größe machte es allen möglichen Feinden überlegen. Lediglich die im Messeler See lebenden Krokodile mögen *Kopidodon* am Boden gefährlich geworden sein.


## Unpaarhufer (Perissodactyla)

**Pferdeartige (Equidae):** Die bekanntesten Fossilien der Grube Messel und gleichzeitig jene, die sie als paläontologische Schatzkammer in das Rampenlicht der Öffentlichkeit rückten und dazu weltweit bekannt machten, sind die

Urpferdchen. Zwei Arten hat Messel bis jetzt hergegeben: das ausgewachsen etwa rehgroße *Propalaeotherium hassiacum* und *Propalaeotherium messelense*, das etwa die Größe eines Fuchses erreichte. *Propalaeotherium messelense* stellt die Mehrzahl der Urpferdchenfunde in Messel.

Die Messeler Urpferdchen waren also gedrungener und viel kleiner als die heutigen Pferde, von denen sie sich auch anatomisch unterscheiden. Auffallendstes Merkmal dieser frühen Pferdevorfahren aber sind je vier Zehen an den Vorder- und je drei Zehen an den Hinterextremitäten. Daraus darf man folgern, daß die Messeler Urpferdchen den Urwald unmittelbar um den Messeler See bewohnten. Mehrzehige Extremitäten erlauben auf sumpfigem und schlüpfrigem Urwaldboden eine weit sicherere Fortbewegung als das die einhufigen der heutigen Pferde tun. Nicht umsonst finden wir diese auf ein Laufen auf morastigem Boden abgestimmte Mehrzehigkeit heute noch bei den Tapiren, waldbewohnenden Verwandten der Pferde

Ein weiteres Indiz dafür, daß die Messeler Urpferdchen Bewohner des Lebensraumes Urwald gewesen sind, liefert ihr Gebiß, das sich aus niedrigkronigen Zähnen mit stumpfen Höckern zusammensetzt. Schon der russische Wirbeltierpaläontologe Wladimir KOVALEVSKY (1842–1883) hatte darauf aufmerksam gemacht, daß sich niedrigkronige Zähne, wie sie bei allen sehr frühen Pferdeverwandten zu finden sind, und Grasnahrung nicht miteinander vertragen. Gräser sind aufgrund von Kieselsäureeinlagerungen eine sehr viel »härtere« Nahrung als Blätter, die die Zähne extrem beansprucht und sie sehr stark abnutzt. In Anpassung daran haben die heutigen, grasfressenden Pferde sehr hochkronige Zähne mit kompliziert gefalteten Kauflächen entwickelt, die eine große Materialreserve darstellen.

Damit war man schon recht früh zur Überzeugung gelangt, daß die frühen Pferdevorfahren keine Grasfresser und somit auch nicht Bewohner offener Steppenlandschaften gewesen sein konnten. Beweisen ließ sich das freilich nicht, nur aus der Bezahnung ableiten. So muß der von den Messeler Funden gelieferte direkte Beweis für die bis dahin vermutete Ernährungs- und Lebensweise der frühen Pferdevorfahren als eine Sensation gewertet werden.

Bei einigen Exemplaren fiel im unteren Bereich des Hinter-

Seite 144
Unbeschriebenes Urhuftier; Länge 106 cm.

Seite 145
Die Abbildungen zeigen das Urhuftier *Kopidodon macrognathus*; Körperlänge 50 cm. Unten links: Ausschnittvergrößerung des Schädels. Rechts: Röntgenaufnahme des Schädels.

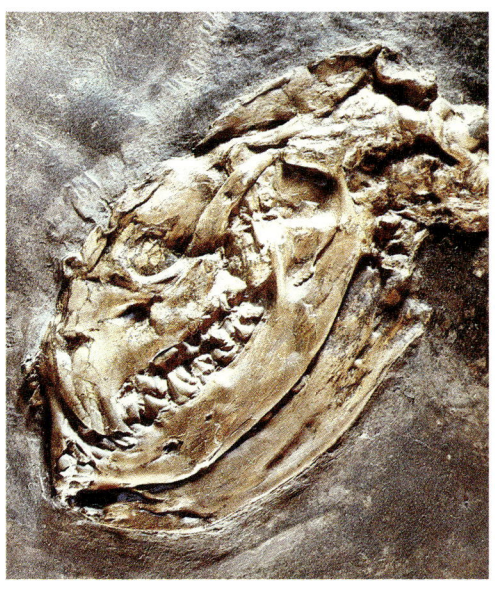

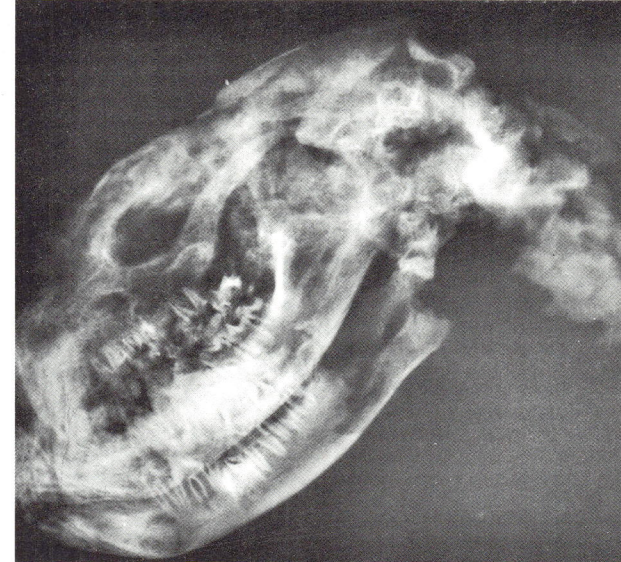

leibes ein ausgedehnter dunkler Fleck auf, der sich bei näherer Untersuchung als fossilisierter Mageninhalt erwies. Er bestand, wie die Untersuchungen mit dem Rasterelektronenmikroskop zeigten, aus dicht gepackten Blattresten von Lorbeer-, Feigen- und Myrtengewächsen. Auch Früchte in Form von kleinen Weinbeeren (*Vitis*) ließen sich nachweisen.

Jetzt gab es nichts mehr daran zu deuten: Die frühesten Ahnen des heutigen Pferdes waren erwiesenermaßen Bewohner des tropischen Urwaldes und ernährten sich von den dort vorkommenden weichen und leicht zu zerkauenden Pflanzen und Früchten. Die Entwicklung hochkroniger Zähne und die Reduktion der Zahl der Zehen, d. h. die Entwicklung vom kleinen, Blätter und Früchte fressenden Urwaldbewohner zum mannshohen, Gras fressenden Steppentier, stand, wenn sie überhaupt schon begonnen hatte, erst ganz am Anfang. Die Messeler Urpferdchen der Gattung *Propalaeotherium* stehen am Beginn der Stammesgeschichte des Pferdes.

Heute gilt als sicher, daß sich die Evolution des Pferdes hauptsächlich auf dem nordamerikanischen Kontinent abspielte. Von dort erreichten dann von Zeit zu Zeit Vertreter von Seitenästen des Stammbaums der Pferde Eurasien. Auch die Messeler Urpferdchen repräsentieren einen solchen Seitenast. Diese Abkömmlinge des bisher ältesten bekannten Pferdevorfahren *Hyracotherium* starben nach der Unterbrechung der Landbrücke zwischen Amerika und Europa, die bis ins Untereozän bestand, in Europa aus. Erst zu Beginn des Miozäns wanderte erneut ein Pferdevertreter, das dreizehige, mit niederkronigen Backenzähnen versehene *Anchitherium*, über eine neu entstandene Landverbindung zwischen Asien und Nordamerika in Europa ein, wo es bis in das Obermiozän überlebte. *Anchitherium* wurde dann von dem ebenfalls aus Nordamerika stammenden dreizehigen und bereits mit hochkronigen Zähnen ausgestatteten Pferdevorfahren *Hipparion* und dieser schließlich zu Beginn des Eiszeitalters von der heutigen Gattung *Equus* abgelöst. Interessanterweise starben vor wenigen tausend Jahren die Pferdeartigen in ihrem Ursprungsland Nordamerika ganz aus. Erst die Spanier brachten zu Beginn des 17. Jahrhunderts wieder Pferde nach Amerika.

Wenn auch die beiden Messeler Urpferdearten zu einer später ausgestorbenen Gattung und damit stammesgeschichtlich nicht zu den direkten Ahnen der heutigen Pferde gehören, geben sie uns doch den wohl bisher besten Einblick in die Lebensweise frühester Equiden. Ihre wissenschaftliche Bedeutung ist gar nicht hoch genug einzuschätzen.

**Tapirähnliche (Helaletidae):** Die Urpferdchen sind nicht die einzigen Unpaarhufer aus der Grube Messel. Ein besonders gut erhaltener Fund, den man zunächst als *Propalaeotherium*, also als einen Vertreter der Pferdeartigen bestimmte, konnte anhand der Bezahnung als *Hyrachyus minimus* und damit als ein tapirähnlicher Unpaarhufer beschrieben werden. Er ist das größte Säugetier, das bisher in der Grube Messel gefunden wurde.

Rekonstruktion des großen Messeler Urpferdes *Propalaeotherium hassiacum.*

147

## Paarhufer (Artiodactyla)

Die heutigen Paarhufer bilden, trotz ihrer Formenfülle, eine einheitliche Säugetierordnung, gekennzeichnet durch den Bau der Gliedmaßen: vier oder zwei Zehen bilden die Lauffläche. Die Paarhufer haben erst in der erdgeschichtlichen Gegenwart ihre Blütezeit erreicht. Sie stellen mit etwa 75 Gattungen und etwa 150 Arten die Hauptmasse aller Großsäugetiere überhaupt. Und sie stellen die meisten und wichtigsten Haus- und Nutztiere des Menschen wie z. B.

Das große Messeler Urpferd *Propalaeotherium hassiacum;* Länge 106 cm.

148

Der Messeler Tapir *Hyrachyus minimus*; Länge 125 cm.

Schaf, Rind, Schwein; auch Kamel und Giraffe gehören zu dieser Säugetierordnung.

In Messel ist sie fossil durch zwei Arten vertreten: *Massilabune martini*, mit einer Gesamtlänge von 45 cm, und *Messelobunodon schaeferi*, mit einer Gesamtlänge von rund 70 cm.

Die Messeler Paarhufer waren wendige, im Aussehen antilopenähnliche Waldbewohner. Aus der Untersuchung des Mageninhalts weiß man, daß sich *M. schaeferi* von Pilzen und Früchten ernährte.

# Die Grube Messel
# und die Öffentlichkeit

Über 500 wissenschaftliche Veröffentlichungen — zusammengestellt sind sie in einem Literaturkatalog der NAOM (Jahresberichte der NAOM e.V. 1985—1986, Bd. 9, Nr. 1) — bekunden die weltweite Bedeutung der Grube Messel für die paläontologische Wissenschaft. Das Interesse der Öffentlichkeit am Thema Messel dokumentieren an die 700 Presseberichte in Tageszeitungen und Zeitschriften der zurückliegenden 10 Jahre. Dazu kommen mehrere Fernseh- und Hörfunkberichte als akustisch-visuelle Ergänzung der Information über die Grube.

Das Gerangel um Mülldepo-NIE, Kulturdenkmal, Ausgrabungsstätte für paläontologisch wichtige Fossilien, aber auch Landschaftsschutzgebiet oder Lebensraum für seltene rezente Pflanzen und Tiere auf Ruderalflächen, und nicht zuletzt Umweltschutzaspekte bot dem Anhänger jeder Richtung Argumentationsmöglichkeit. Bei einer solchen Vielfalt muß bei allem ehrlichen Bemühen der Medien um ausreichende Information, die allen gerecht wird, die Ausgewogenheit irgendwann auf der Strecke bleiben. Politische Interessen des Landes Hessen und der Kommune Darmstadt-Dieburg sowie Müll-Entsorgungsauftrag auf der einen Seite, Bergung und Erhaltung von Kulturgut auf der anderen Seite, dazu die berechtigten Wünsche der Anrainer bezüglich möglichst geringer Lärm-, Verkehrs- und Geruchsbelastung, aber auch juristische Probleme färbten und färben das Situationsbild für den Außenstehenden. Die vielen guten und gut begründeten Argumente waren und sind letztlich nicht auf einen gemeinsamen Nenner zu bringen.

Da hat es der, der sich speziell für den Ölschiefer und die in ihm überlieferten Fossilien interessiert, leichter. Er kann sich sachlich und emotionsfrei bei den in der Grube engagierten Museen und Instituten informieren. In der Grube selbst nicht (es sei denn bei Führungen), da der gesamte Grubenbereich für Laien grundsätzlich gesperrt ist. Sowohl das Senckenbergmuseum in Frankfurt wie auch das Hessische Landesmuseum in Darmstadt präsentieren viele der Fossilfunde, die ihre Grabungsteams im Laufe der Jahre gemacht haben. Auch die Landessammlungen für Naturkunde (Museum am Friedrichsplatz) in Karlsruhe stellen Messel-Fossilien aus. Besonders hingewiesen sei in diesem Zusammenhang auf das Heimat- und Fossilienmuseum der Gemeinde Messel. In einem alten Fachwerkhaus untergebracht, zeigt es in überaus ansprechender Weise sowohl Exponate aus Beständen der Museen, die in der Grube Messel forschen, als auch Fundstücke, die die »Amateure der ersten Stunde« gemacht haben. Die Möglichkeit, Fossilien aus der Grube Messel zu sehen, bieten weiter Sonderausstellungen u. a. der NAOM e. V.

Trotz der totalen Sperre der Grube für die Öffentlichkeit ist der an Urweltfunden Interessierte vom »Geschehen vor

Öffentliche Führungen in der Grube Messel geben auch Gelegenheit, bei wissenschaftlichen Grabungen zuzuschauen.

Ort« nicht ganz ausgeschlossen. Dank der Unterstützung des ZAS (Zweckverband Abfallverwertung in Hessen) dürfen Führungen in dem ehemaligen Ölschieferterrain durchgeführt werden. Sie geben Gelegenheit, sich über die paläontologische Arbeit detailliert zu informieren. Die Führungen werden, meist am Wochenende, vom Heimat- und Fossilienmuseum Messel und der NAOM e. V. organisiert und durchgeführt.

Wer sich persönlich ein Bild machen will, sollte diese Gelegenheit wahrnehmen. Vom Versuch, auf eigene Faust in die Grube zu gelangen, sei dringend abgeraten. Man gefährdet dadurch sich selbst — auf dem feuchten Ölschiefer kommt es leicht zu unfreiwilligen Rutschpartien —, man behindert und gefährdet auch die wissenschaftlichen Arbeiten.

Wer an einer Führung interessiert ist, wende sich an: NAOM e. V. Brüder-Grimm-Str. 13, 6053 Obertshausen, oder an das Messel-Museum, c/o Frau E. Köhler (über Gemeindeverwaltung Messel), Kohlweg 15, 6101 Messel.

Messel-Fossilien auf Briefmarken und Ausstellungen.

# Literatur

ABEL, 0. (1927): Lebensbilder aus der Tierwelt der Vorzeit. — 715 S., 552 Abb., 1 Taf.; Jena (G. Fischer).

Aktionsgemeinschaft »Rettet die Grube Messel« (1978): Fundgrube für die Wissenschaft oder Großdeponie für Müllmassen? Die Grube Messel. Dokumentation 1974—1978. — 78 S.; Langener Druck- und Verlags-GmbH.

ANDREAE, A. (1884): Die Ganoiden aus dem Untermiozän von Messel. — Abh. senckenberg. naturf. Ges., 19: 352—364, 1 Taf.; Frankfurt a. M.

ANDREAE, A. (1893): Vorläufige Mitteilung über die Ganoiden (*Lepisosteus* und *Amia*) des Mainzer Beckens. — Verh. naturhist.-med. Ver., N. F., 5(1): 7—15; Heidelberg.

AUGUSTA, J. (1970): Versteinerte Welt. — 253 S., 80 Abb.; Schwerte/Ruhr (Verlag M. Freistühler).

AUGUSTA, J. & BURIAN, Z. (1971): Tiere der Vorzeit. — 6. Aufl., 48 S., 60 Taf.; Prag.

BEEGER, G. (1970): Chronik der Grube Messel. — 192 S., 135 Abb., 30 Tab., 17 Ktn., München (Selbstverlag Ytong AG).

BERG, D. E. (1965): Nachweis des Riesenlaufvogels *Diatryma* im Eozän von Messel bei Darmstadt/Hessen. — Notizbl. hess. L.-Amt Bodenforsch., 93: 68—72; Wiesbaden.

BERG, D. E. (1966): Die Krokodile, insbesondere *Asiatosuchus* und aff. *Sebecus?*, aus dem Eozän von Messel bei Darmstadt/Hessen. — Abh. hess. L.-Amt Bodenforsch., 52: 1—105; Wiesbaden.

BETTENSTEADT, F. (1940): Tropenwelt im Geiseltal. Eine Expedition in ein Land vor 30 Jahrmillionen. — Veröffentl. Ver. z. Förd. d. Mus. f. mitteldt. Erdgesch. zu Halle/Saale, 4. Aufl., 56 S., 8 Abb.; Halle.

BEZZENBERGER, W. (1958): Geschichte des Dorfes Messel (= Schriftenr. d. Volksbildungswerkes Messel, 1). — o. J., 94 S., 34 Abb.; Messel (Selbstverlag).

BIGELOW, Th. (1983): Reburying a Fossil Treasure. A Trove of Eocene Fossils May Soon Be Buried by a Garbage Dump. — Discover, vol. 4, nr. 12: 66—75; Los Angeles.

BORNHARDT, J. F. (1975): Neue Fossilfunde aus der Grube Messel und ihre Präparation. — Der Aufschluss, 26: 453—473, 20 Abb.; Heidelberg.

BÖRNER, H. (1977): Messel, Verpflichtung gegenüber der Fachwissenschaft, gegenüber der Öffentlichkeit und gegenüber der Nachwelt. — Natur und Museum, 109 (4): 112—119 »Ansprache des Hess. Ministerpräsidenten Holger Börner, anläßlich der Ausst.-Eröffnung 'Urpferdchen und Krokodile'«; Frankfurt a. M.

CHELIUS, C. (1886): Erläuterungen zur Geologischen Karte des Grossherzogthums Hessen im Maßstabe 1:25 000, Blatt Messel. − 67 S. (I. Lieferung); Darmstadt.

DIETRICH, R. (1972): Nicht alles, was glänzt in Messel, ist Messelit! Der Aufschluss, 23: 131; Heidelberg.

DIETRICH, R. (1978): Das Messelitproblem: Messelit und Anapait aus dem Ölschiefervorkommen bei Messel. − Der Aufschluss, 29: 229−223, 3 Abb.; Heidelberg.

EIKAMP, H. (1975): Früher fraßen Pferde Laub. Urpferd-Funde in der Grube Messel (Hessen). − DLG-Mitteilungen, 24: 1343−1344, 1 Abb.; Frankfurt a. M.

EIKAMP, H. (1976): Das Ölschiefervorkommen von Messel bei Darmstadt. − Eine mitteleozäne Fossilfundstätte. − Jber. wetterau. Ges. f. d. ges. Naturkde. Hanau, 125−128: 41−50, 8 Abb.; Hanau.

EIKAMP, H. (1977a): Über die Urahnen unserer Vögel. Eine entwicklungsgeschichtliche Betrachtung. − DGS, 3: 52−54, 4 Abb.; Stgt.

EIKAMP, H. (1977b): Fossilien umbetten. Präparation in Gesteinen mit hohem Wassergehalt. − Mineralien-Magazin, 1: 36−39, 11 Abb.; Stgt.

EIKAMP, H. (1978): Die Stammväter unserer Vögel. Urvogel und Dinosaurier. − DKZ (Dt. Kleintier-Züchter), 8: 16−17, 6 Abb.; Reutlingen.

EIKAMP, H. (1979a): Zur Entstehung von Fischversteinerungen. Biofazies-Bereiche in Sedimenten (des Oberrheins) und Fossilisationsbedingungen zur Fossilwerdung am Beispiel von Flußfischen. − Neues Fischer Magazin, 3: 40−44, 5 Abb.; Graz.

EIKAMP, H. (1979b): Fossile Fische aus dem Untermiozän (Aquitan) des Oberrheingrabens, des Mainzer Beckens, des unteren Maintals und der Wetterau. − Neues Fischer Magazin, 9: 12−17, 7 Abb.; Graz.

EIKAMP, H. (1979c): Bindeglied aus der Ahnenreihe der Vögel gefunden. 50 Millionen Jahre alte Stammform von Flamingos, Strandläufern und Enten in den USA entdeckt. − DKZ, 88. Jg., 4: 17−18, 3 Abb.; Reutlingen.

EIKAMP, H. (1979d): Zur Fossilwerdung von Vögeln. − DKZ, 88. Jg., 24: 10−13, 5 Abb.; Reutlingen.

EIKAMP, H. (1979e): Urzeitfische aus dem Zeitalter des Eozän, einer Zeit vor circa 50 Millionen Jahren. Die Fischfauna der Ölschieferlagerstätte Messel bei Darmstadt. − Neues Fischer Magazin, 5: 16−21, 5 Abb., 1 Taf.; Graz.

EIKAMP, H. (1979f): Riesenschlangen und Krokodileier. Das Geiseltal, eine klassische Fossilfundstätte. − Mineralien Magazin, 3: 147−151, 7 Abb.; Stuttgart.

EIKAMP, H. (1979g): Ein »Fossil« und die Rekonstruktion seiner Entstehung. − Der Aufschluss, 30: 74, 1 Abb.; Heidelberg.

EIKAMP, H. (1981): Ur-Fische als Vorfahren der Amphibien. Die Fische waren es, die den ersten Schritt zur Eroberung des Festlandes taten. − Fischer & Teichwirt, 5: 146−148, 5 Abb.; Nürnberg.

EIKAMP, H. (1982): Allzuviel ist ungesund. Beutefisch in der Bauchhöhle eines Schlammfisches (Amia kehreri). − Mineralien-Magazin, 3: 110−112, 2 Abb.; Stuttgart.

EIKAMP, H. (1984a): Projektbericht: Proj. Nr. 23074: 'Grube Messel'. − In: NAOM-Jahresberichts-Info Nr. 1, zu NAOM-Jber. Nr. 4, 7. Jg./ 1984 als NAOM-Jahresberichte von 1978−1984, Kurz-Zusammenfassung; 1: 6−9, 3 Abb., Obertshausen (Selbstverlag NAOM e. V.)

EIKAMP, H. (1984b): Neue Messel-Literatur. — Z. Fossilien, 1: 44; Korb (Goldschneck-Verlag).

EIKAMP, H. (1985a): Die Zeit des Eozän. Zur Entstehungsgeschichte der Fundstelle Messel. Zur eozänen Flora und Fauna von Messel. — NAOM-Info-Bl. Nr. 007, Obertshausen (Selbstverlag der NAOM e. V.); Obertshausen-Mosbach.

EIKAMP, H. (1985b): Die Grube Messel im Spiegel der Literatur. 381 Zitate vor 1884 (1827) bis 1984 (1985). — 30 S., 2 Abb.; NAOM e. V., Obertshausen »1. Aufl., NAOM-Literatur Nr. 909; Selbstverlag NAOM«; Obertshausen-Mosbach (07 22 — 86 94).

EIKAMP, H. (1986): Zur rezenten Flora und Fauna von Messel. — NAOM-Merkblatt Nr.. 008/0 — 86, 6 S., 18 Abb.; NAOM e. V. (Selbstverlag), Obertshausen-Mosbach.

EIKAMP, H. & BORNHARDT, J.F. (1979): Die Grube Messel. Eine bedeutende Fossilfundstätte als Mülldeponie? Mülldepo-NIE sagen Paläontologen und Umweltschützer. — Welt der Tiere,, Jg. 6, H. 3: 26—30, 5 Abb.; Greven (Kilda-Verlag).

EISVOGL, G. (1979): Neue lithologische, biostratigraphische und fossilmäßige Erkenntnisse aus dem mitteleocänen Ölschiefer der Grube Messel bei Darmstadt (Hessen). — 312 S., 177 Abb., 26 Tab., 8 Ktn.; Darmstadt (Privatdruck).

EISVOGL, G. (1981): Ein Manide aus dem Mitteleocän der Grube Messel bei Darmstadt (Hessen). — Aufschluss, 32 (2): 77—83; Heidelberg.

ENGELHARDT, H. (1922): Die alttertiäre Flora von Messel bei Darmstadt. — Abh. hess. geol. L.—A., 7 (4): 19—128; Darmstadt.

FRANZEN, J. L. (1975a): Messel: Leben aus längst vergangenen Zeiten. — Natur und Museum, 105: 137—146; Frankfurt a. M.

FRANZEN, J. L. (1975b): Notwendigkeit und Konzeption eines Messelmuseums. — Museumskde., 43 (2): 69—76, 9 Abb.; Frankfurt.

FRANZEN, J. L. (1976): Senckenbergs Grabungskampagne 1975 in Messel: Erste Ergebnisse und Ausblick. — Natur und Museum, 106 (7): 217—223, 11 Abb.; Frankfurt a. M.

FRANZEN, J. L. (1977a): Die Entstehung der Fossilfundstätte Messel. — Ber. Naturf. Ges. Freiburg i. Br. — Pfannenstiel Gedenkband —, 67: 53—58, 2 Abb.; Freiburg.

FRANZEN, J. L. (1977b): Urpferdchen und Krokodile. — Kleine Senckenberg-Reihe, 7: 1—47; Frankfurt a. M. »3. Aufl. 1982«

FRANZEN, J. L. (1977c): 100 Jahre Ölschiefergrube Messel. — Natur und Museum 107 (7): 208—211; Frankfurt a. M.

FRANZEN, J. L. (1978a): Senckenberg-Grabungen in der Grube Messel bei Darmstadt. 1. Probleme, Methoden, Ergebnisse 1976—1977 (= Cour. Forsch.-Inst. Senckenberg, 27). — 135 S., 69 Abb.; Ffm.

FRANZEN, J. L. (1978b): Messel-Fossilien auf Briefmarken. — Natur und Museum 108 (9): 281—283; Frankfurt a. M.

FRANZEN, J. L. (1979a): Senckenberg-Grabungen in der Grube Messel bei Darmstadt. 2. Ergebnisse 1978 (= Cour. Forsch.-Inst. Senckenberg, 36). — 144 S., 77 Abb.; Frankfurt a. M.

FRANZEN, J. L. (1979b): Die Bedeutung der Messeler Fossilien für das Verständnis der Erd- und Lebensgeschichte. — Natur und Museum 109 (4): 112—119 »Vortrag bei der Ytong AG, 15.12.1978; Kurzfassung«; Frankfurt a. M.

FRANZEN, J. L. (1980): Das Skelett eines juvenilen *Propalaeotherium isselanum* (Mammalia, Equidae) aus dem mitteleozänen Ölschiefer der Grube Messel bei Darmstadt. — Dortmunder Beitr. Landesk., 14: 85—102, 5 Taf.; Dortmund.

FRANZEN, J. L. (1981a): Das erste Skelett eines Dichobuniden (Mamm., Artiodactyla), geborgen aus mitteleozänen Ölschiefern der Grube Messel bei Darmstadt (Deutschland, Südhessen). — Senckenbergiana lethaea, 61: 299—353, 11 Abb., 11 Taf.; Frankfurt/M.

FRANZEN, J. L. (1981b): *Hyrachyus minimus* (Mammalia, Perissodactyla, Helatidae) aus den mittelozänen Ölschiefern der »Grube Messel« bei Darmstadt (Deutschland, S-Hessen). — Senckenbergiana lethaea, 61: 371—376, 2 Abb.; Frankfurt a. M.

FRANZEN, J. L. (1983a): Seckenberg-Grabungen 1982 in der Grube Messel. — Natur und Museum, 113: 148—151, 3 Abb.; Frankfurt.

FRANZEN, J. L. (1983b): Ein zweites Skelett von *Messelobunodon* (Mammalia, Artiodactyla, Dichobunidae) aus der 'Grube Messel' bei Darmstadt (Deutschland, S-Hessen). — Senckenbergiana lethaea, 64: 403—445, 3 Abb., 10 Taf.; Frankfurt a. M.

FRANZEN, J. L. (1983c): Ein neuer Primate aus dem Eozän von Messel. — Paläont. Ges. 53. Jahresvers., Programm und Kurzfassung der Vorträge: 31; Mainz.

FRANZEN, J. L. (1984a): Die Stammesgeschichte der Pferde in ihrer wissenschaftshistorischen Entwicklung. — Natur und Museum, 114 (6): 149—162, 10 Abb.; Frankfurt a. M.

FRANZEN, J. L. & KRUMBIEGEL, G. (1980): *Messelobunodon ceciliensis* n. sp. (Mammalia, Artiodactyla) — ein neuer Dichobunide aus der mitteleozänen Fauna des Geiseltales bei Halle (DDR). — Z. geol. Wiss., 8: 1553—1560, 3 Abb.; Berlin.

FRANZEN, J. L., WEBER, J. & WUTTKE, M. (1982): Senckenberg-Grabungen in der Grube Messel bei Darmstadt. 3. Ergebnisse 1979—1981. — Cour. Forsch.-Inst. Senckenberg, 54: 1—118, 101 Abb.; Frankfurt a. M.

FREUDENBERG, D. (1977): Mineralien aus dem Ölschiefervorkommen der Grube Messel bei Darmstadt. — Der Aufschluss, 28: 359—360; Heidelberg.

FRICKHINGER, K. A. (1985): Die Entwicklung der Vögel und des Fliegens. — Vogelfreunde Bayern, 5 (85): 8 S., 5 Abb. (+ Titelseite); München.

GAHL, H. & MASCHWITZ, U. (1977): Eine Ameise aus dem Mittel-Eozän von Messel bei Darmstadt (Hessen). — Geol. Jb. Hessen, 105: 69—73; Wiesbaden.

GAUDANT, J. (1980): Sur *Amia kehreri* (Poisson Amiidae du Lutetien de Messel, Allemagne) et sa signification paleogeographique. — C. R. Acad. Sc., 290 D: 1107—1110, 1 Abb.; Paris.

GRZIMEK, B. »Hrsg.« (1968): Grzimeks Tierleben. — Enzyklopädie des Tierreichs. — 13 Bde.; Kindler Verlag, Zürich.

GROESSENS-van DYCK, M. C. (1978): Etude des tortues et des alligatores de l 'Eocene moyen de Messel conserves au musee de la ville de Dortmund. — Dortmunder Beitr. Landesk. Naturw. Mitt., 12: 79—95; Dortmund.

HAGEDORN-GÖTZ, I. (1983): Organisch-geochemische und organischpetrographische Untersuchungen an Bohrproben des Messeler Ölschiefers. − Dipl. Arb.; Universität Aachen.

HALSTEAD, B. (1985): The Treasures of Messel: An open Letter to the prime Minister of Hesse State, Germany. − Modern Geology, 1985, vol. 9: 241−243, 3 Fig.; London.

HARRASSOWITZ, H. L. F. (1919): Eocäne Schildkröten von Messel bei Darmstadt. − Cbl. Mineral. etc., 1919 (9/10): 147−154; Stuttgart.

HARRASSOWITZ, H. L. F. (1922a): Die Schildkrötengattung *Anosteira* von Messel bei Darmstadt und ihre stammesgeschichtliche Bedeutung. − Abh. hess. geol. L.-A., 6 (3): 138−238; Darmstadt.

HARRASSOWITZ, H. L. F. (1922b): Die Schildkrötengattung *Anosteira* von Messel bei Darmstadt und die Abstammung der Trionychiden (Vortr. u. Disk.). − Paläont. Z., 4: 93−98; Berlin.

HAUPT, O. (1911): *Propalaeotherium* cf. *Rollinati* STEHLIN aus der Braunkohle von Messel. − Notizbl. Ver. Erdk. u. großh. geol. L.-A., (IV) 32: 59−70, 1 Taf.; Darmstadt.

HAUPT, O. (1921): Die eocänen Süßwasserablagerungen (Messeler Braunkohlenformation) in der Umgegend von Darmstadt und ihr paläontologischer Inhalt. − Z. dt. Geol. Ges., Mh., 73: 175−178; Berlin.

HAUPT, O. (1925): Die Paläeohippiden der eocänen Süßwasserablagerungen von Messel bei Darmstadt. − Abh. hess. geol. L.-A., 6, 4: 159 S., 29 Taf.; Darmstadt.

HAUPT, O. (1938): Das Mitteleozän(em). Messeler Ölschiefer und Braunkohlen. − In: Erläuterungen zur Geologischen Karte von Hessen im Maßstabe 1:25 000, Blatt Roßdorf, 3. Aufl., S. 75−80, 1 Taf.; Darmstadt.

HEIL, R. (1964): Kieselschwamm-Nadeln im Ölschiefer der Grube Messel bei Darmstadt. − Notizbl. hess. L.-Amt Bodenforsch., 92: 60−67; Wiesbaden.

HEIL, R. (1979): Die Messeler Schichten. − In: Fossilien der Messeler Schichten, S. 7−18, 1 Titelabb., 4 Abb.; Darmstadt (Selbstverlag Hessisches Landesmuseum Darmstadt).

HEIL, R. u. KOENIGSWALD, W. von (1979): Funde aus den Messeler Schichten. − In: Fossilien der Messeler Schichten, S. 40−88, 52 Abb.; Darmstadt (Selbstverlag des Hessischen Landesmuseums Darmstadt).

HILLMER, G. et al. (1980): Sammlung O. Feist: Schätze unter Müll? − Leben vor 50 Millionen Jahren. − 1−46, 30 Abb., Geol. Paläont. Inst.; Hamburg.

IRION, G. (1977): Der eozäne See von Messel.− Natur und Museum, 107: 3 Abb.; Frankfurt a. M.

KINKELIN, F. (1884): über Fossilien aus Braunkohlen der Umgebung von Frankfurt a. M. − Ber. senckenberg. naturf. Ges., 1884: 165−183; Frankfurt a. M.

KINZELBACH, R. K. (1970a): Wanzen aus dem eozänen Ölschiefer von Messel (Insecta: Heteroptera). − Notizbl. hess. L.-Amt Bodenforsch., 98: 9−18; Wiesbaden.

KINZELBACH, R. K. (1970b): Eine Gangmine aus dem eozänen Ölschiefer von Messel (Insecta: ?Lepidoptera). − Paläont. Z., 44: 93−96; Stuttgart.

KOENIGSWALD, W. von (1979a): Die Erforschung der Fossilien der Messeler Schichten. — In: Fossilien der Messeler Schichten, S. 27—38, 1 Abb.; Darmstadt (Selbstverlag des Hessischen Landesmuseums Darmstadt).

KOENIGSWALD, W. von (1979b): Ein Lemurenrest aus dem eozänen Ölschiefer der Grube Messel bei Darmstadt. — Paläont. Z., 53: 63—76; Stuttgart.

KOENIGSWALD, W. von (1980a): Fossillagerstätte Messel — Literaturübersicht der Forschungsergebnisse aus den Jahren 1969—1979. — Geol. Jb. Hessen, 108: 23—38, 1 Abb.; Wiesbaden.

KOENIGSWALD, W. von (1980b): Das Skelett eines Pantolestiden (Proteutheria, Mamm.) aus dem mittleren Eozän von Messel bei Darmstadt. — Paläont. Z., 54; 267—287, 20 Abb.; Stuttgart.

KOENIGSWALD, W. von (1981): Paläogeographische Beziehungen der Wirbeltierfauna aus der alttertiären Fossillagerstätte Messel bei Darmstadt. — Geol. Jb. Hessen, 109: 267—287, 3 Abb.; Wiesbaden.

KOENIGSWALD, W. von (1982): Eine erste Beutelratte aus dem mitteleozänen Ölschiefer von Messel bei Darmstadt. — Natur und Museum, 112: 41—48, 7 Abb.; Frankfurt a. M.

KOENIGSWALD, W. von (1983a): Skelettfunde von *Kopidodon* (Condylarthra, Mammalia) aus dem mitteleozänen Ölschiefer von Messel bei Darmstadt. — N. Jb. Geol. Paläont., Abh., 167: 1—39, 23 Abb.; Stuttgart.

KOENIGSWALD, W. von (1983): Der erste Pantolestide (Proteutheria, Mammalia) aus dem Eozän des Geiseltales bei Halle. — Z. geol. Wiss., 11: 781—787, 2 Abb.; Berlin.

KOENIGSWALD, W. von, RICHTER, G. & STORCH, G. (1981): Nachweis von Hornschuppen bei *Eomanis waldi* aus der 'Grube Messel' bei Darmstadt (Mammalia, Pholidota). — Senckenbergiana lethaea, 61: 291—298, 4 Abb.; Frankfurt.

KOENIGSWALD, W. von & SCHAARSCHMIDT, F. (1983): Ein Urpferd aus Messel, das Weinbeeren fraß. — Natur und Museum, 113: 79—84, 8 Abb.; Frankfurt a. M.

KOENIGSWALD, W. von & STORCH, G. (1983): *Pholidocercus hassiacus* — ein Amphilemuride aus dem Eozän der Grube Messel bei Darmstadt (Mammalia, Lipotyphla). — Senckenbergiana lethaea, 64 (5/6): 447—495, 27 Abb., 3 Tab.; Frankfurt.

KOENIGSWALD, W. von & MICHAELIS, W. (1984): Fossillagerstätte Messel — Literaturübersicht der Forschungsergebnisse aus den Jahren 1980—1983. — Geol. Jb. Hessen, 112: 5—26, 12 Abb.; Wiesbaden.

KRUMBIEGEL, G. (1959): Die tertiäre Pflanzen- und Tierwelt der Braunkohle des Geiseltales. — Neue Brehm Bücherei, 237: 156 S., 93 Abb., 29 Fig.; Wittenberg Lutherstadt.

KRUMBIEGEL, G. (1968a): Die Fossilfundstellen (Pflanzenfundstellen und Wirbeltierfundstellen) im Eozän des Geiseltales, ihre stratigraphische Bedeutung und ihr Fossilinhalt. S. 57—86, 4 Abb., 9 Taf. — In: Das Geiseltal »vgl. Krumbiegel, G. & Schmidt, W., 1968«.

KRUMBIEGEL, G. (1968b): Geologisch-paläontologische Literatur über das Geiseltal. S. 105—114 (kompl. überarb. Lit.-Liste der Fachveröffentl. über das Geiseltal). In: Das Geiseltal »vgl. Krumbiegel, G. & Schmidt, W., 1968«.

KRUMBIEGEL, G. (1982): Systematische Übersicht der Wirbellosen aus dem Eozän des Geiseltales. — Fundgrube, 18 (1): 10—22; Berlin.

KRUMBIEGEL, G. & SCHMIDT, W. (1968): Tertiär und Pleistozän des Geiseltales und Perspektive der Lagerstätte. S. 3—56, 9 Abb., 8 Tab., 3 Taf. — In: Das Geiseltal; Hrsg. anläßl. des XXIII Internat. Geologenkongreß in Prag vom 19.—28. August 1968; Berlin 1968.

KRUMBIEGEL, G., RÜFFLE, L. & HAUBOLD, H. (1983): Das eozäne Geiseltal. Neue Brehm Bücherei, 237: 1—227, 175 Abb.; Wittenberg.

KÜHNE, W. G. (1961): Präparation von flachen Wirbeltierfossilien auf künstlicher Matrix. — Paläont. Z., 35: 251—252.

KÜHNE, W. G. (1962): Präparation von Wirbeltierfossilien aus kolloidalem Gestein. — Paläont. Z., 36: 285—286.

KUHN, O. (1968): Die vorzeitlichen Krokodile. — 124 S.; Krailing bei München (Oeben).

KÜRTEN, B. (1968): Die Welt der Dinosaurier. — 256 S., 89 Abb., Kindler's Universitäts-Bibliothek; München.

KUSTER-WENDENBURG, E. (1969): Fossil-Grabungen in den mitteleleozänen Süßwasserpeliten der »Grube Messel« bei Darmstadt. — Notizbl. hess. L.-Amt Bodenforsch , 97: 65—75; Wiesbaden.

LAUSCH, E. (1981): Zeugen aus Deutschlands heißen Tagen. — GEO, 6: 62—82, 17 Abb., 1 Taf.; Hamburg (Gruner + Jahr).

LIPPMANN, H. G. (1979): Bergung und Präparation von Fossilien aus den Messeler Schichten. — In: Fossilien der Messeler Schichten, S. 19—26, 2 Abb.; Darmstadt (Selbstverlag Hessisches Landesmuseum Darmstadt).

LIPPMAN, H. G. u. WIEMER, G. (1979): Bergung und Präparation von Fosilien aus der Grube Messel unter Berücksichtigung eines Primatenfundes. — Der Präparator, 25: 3—13, 11 Abb.; Bochum.

LUDWIG, R. (1876): Braunkohle von Messel. — Notizbl. Ver. Erdk. u. mittelrhein. geol. Ver., (15) 169: 1; Darmstadt.

LUDWIG, R. (1877): Fossile Crocodiliden aus der Tertiärformation des Mainzer Beckens. — Palaeontogr., Supp. 3: 1—52; Kassel.

LUTZ, H. (1985): Eine wasserlebende Käferlarve aus dem Mittel-Eozän der Grube Messel. — Natur und Museum, 115: 55—60; Frankfurt a. M.

MAI, D. H. (1981): Entwicklung und klimatische Differenzierung der Laubwaldflora Mitteleuropas im Tertiär. — Flora, 171: 525—582, 18 Abb.; Jena

MAIER, W., RICHTER, G. & STORCH, G. (1986): *Leptictidium nasutum* — ein archaisches Säugetier aus Messel mit außergewöhnlichen biologischen Anpassungen. — Natur und Museum, 116 (1): 1—19, 25 Abb.; Frankfurt a. M.

MARTINI, E. & RIETSCHEL, S. (1978): Lösungserscheinungen an Schwamm-Nadeln im Messeler Ölschiefer (Mittel-Eozän). — Erdoel, Erdgas Z., 94: 94—97; Hamburg/Wien.

MATTHESS, G. (1956): Ein Beitrag zur Geologie des Ölschiefervorkommens von Messel bei Darmstadt. — Jber u. Mitt. oberrhein. geol. Ver., N. F., 38: 11—21, 5 Abb.; Stuttgart.

MATTHESS, G. (1966): Zur Geologie des Ölschiefervorkommens von Messel bei Darmstadt (= Abh. hess. L.-Amt Bodenforsch., 51). — 87 S., 11 Abb., 10 Tab.; Wiesbaden (Selbstverlag).

Matthess, G. (1970): Die Erdgeschichte des Ölschiefervorkommens von Messel. — In: Chronik der Grube Messel, S. 25—33, 5 Abb., 1 Tab.; München (Selbstverlag Ytong AG).

Merz, G. & Eikamp, H. (1985): Pressespiegel der Tages- und Zeitschriftenpresse zum Themenkomplex Grube Messel der Jahre 1975—1985 und Pressespiegel zur (23.) 24. NAOM Sonderausstellung 'Fossilien der Grube Messel' in Groß-Bieberau. — Unveröffentl. i. Gemeindearchiv Rodgau: Stadt Groß-Bieberau, Ldkr.. DA-Dieburg, Reg.-Bezirk Darmstadt, 20 S., 20.09. 1985 und Zeitungsausschnitt-Dienst (u. — Sammlung) NAOM-Archiv, 494 S., 23.09. 1985, L. 4.543/7. »Lit. Zitate Tagespresse n. Jg.: 1975: 23; 1976: 30; 1977: 37; 1978: 48;, 1979: 42; 1980: 46; 1981: 28; 1982: 39; 1983: 43; 1984: 60; 1985: 148; insgesamt 1975—1985: 545 Lit. Zitate aus der Hess. Tagespresse«. Groß-Bieberau und Obertshausen.

Meunier, F. (1921): Die Insektenreste aus dem Lutetien von Messel bei Darmstadt. — Abh. hess. geol. Landesamtes, 7 (3): 1—15; Darmstadt.

Micklich, N. (1978): *Palaeoperca proxima*, ein neuer Knochenfisch aus dem Mittel-Eozän von Messel bei Darmstadt. — Senckenbergiana lethaea, 59 (4/6): 483—501, 2 Abb., 3 Tab., Taf. 1—2; Frankfurt a. M.

Micklich, N. (1982): Biologisch-paläontologische Untersuchungen der Fischfauna der Messeler Ölschiefer (Mittel-Eozän. Lutetium). — Diss. TH Darmstadt: 318 S.; Darmstadt; erschienen 1985 in »andrias« 4: 171 S., 49 Abb., 22 Tab., 17 Taf.; Karlsruhe.

Micklich, N. (1983): Ein Aal aus der 'Grube Messel' — Gedanken und Probleme bei Aussagen zu Fossilfunden. — Natur und Museum, 113: 211—221, 6 Abb.; Frankfurt a. M.

Müller, A.-H. (1970): Lehrbuch der Paläozoologie. Bd. III, Vertebraten, Teil 3: Mammalia. — G. Fischer Verlag, 825 S., 820 Abb.; Jena.

Müller, A.-H. (1985a): Lehrbuch der Paläozoologie. Bd. III, Vertebraten, Teil 1: Fische im weiteren Sinne und Amphibien. — G. Fischer Verlag, 628 S., 694 Abb.; Jena.

Müller, A.-H. (1985b): Lehrbuch der Paläozoologie. Bd. III, Vertebraten, Teil 2: Reptilien und Vögel. — G. Fischer Verlag, 648 S., 760 Abb.; Jena.

Müller, W. E. G., Zahn, R. K. & Maidhof, A. (1982): *Spongilla gutenbergiana* n. sp., ein Süßwasserschwamm aus dem Mittel-Eozän von Messel. — Senckenbergiana lethaea, 63: 465—472, 8 Abb.;; Frankfurt a. M.

Müller, W. E. G. et al. (1985): Cellular structure of seeds of *Zanthoxylum* sp. from the Midle Eocene of Messel. — Senckenbergiana lethaea, 66: 165—170, 12 Abb., 2 Taf.; Frankfurt a. M.

Müller-Stoll, W. R. (1935): Palmenreste aus dem Eozän des Oberrheingebietes und ihre Erhaltung. — Paläont. Z., 17: 55—73; Berlin.

Museumsverein Messel e. V. (1984): Fossilien und Heimatmuseum Messel. — 24 S., 42 Abb., Museumsbroschüre; Heimatmuseum Messel (Selbstverlag).

NAOM e. V. (1986c): Fossilien der Grube Messel. — NAOM-Merkblatt Nr. 007/0—86, 6 S., 9 Abb. »NAOM-Literatur Nr. 1.041«, 1. Aufl. (2000); Obertshausen-Mosbach.

OURISSON, G., ALBRECHT, P. u. ROHMER, M. (1984): Der mikrobielle Ursprung fossiler Brennstoffe. – Spektrum der Wissenschaft, 10 (84): 54–64, 7 Abb.; Heidelberg.

PETERS, D. S. (1983): Die »Schnepfenralle« *Rhynchaeites messelensis* WITTICH 1898 ist ein Ibis. – J.. Ornithologie, 124 (1): 1–27, 11 Abb.

PETERS, D. S. (1984): Konstruktionsmorphologische Gesichtspunkte zur Entstehung der Vögel. – Natur und Museum, 114 (7): 199–210, 8 Abb.; Frankfurt a. M.

PETERS, D. S. (1985): Ein neuer Segler aus der Grube Messel und seine Bedeutung für den Status der Aegialornithidae (Aves: Apodiformes). – Senckenbergiana lethaea, 66 (1/2): 143–164, 8 Abb.; Frankfurt a. M.

PFLUG, H. (1952): Palynologie und Stratigraphie der eozänen Braunkohlen von Helmstedt. – Paläont. Z., 26: 112–137; Stuttgart.

PFLUG, H. (1957): Altersfolge und Faziesgliederung mitteleuropäischer (insbesondere hessischer) Braunkohlen. – Notizbl. hess. L.-Amt Bodenforsch., 85: 152–178; Wiesbaden.

PLUMEYER, F. (1942): Die Entwicklungshemmungen der Ölschieferindustrie. – 117 S., Diss. Ms., Berlin.

PONGRACZ, A. (1935): Die eozäne Insektenfauna des Geiseltales. – Nova Acta Leopoldina, N. F., Bd 2, H. 3/4, Nr. 6: 485–571, 7 Taf., 22 Textfig.; Halle (Saale).

RAAB, M. (1980): Die Geologie der Grube Messel. Gegenwärtiger Kenntnisstand. – Der Aufschluss – (SD), 31: 181–204, 8 Abb.; Heidelberg.

REINACH, A. von (1900): Schildkrötenreste im Mainzer Tertiärbecken und in benachbarten, ungefähr gleichaltrigen Ablagerungen. – Abh. senckenb. naturf. Ges., 28: 1–135; Frankfurt a. M.

REINECK H. E. & WEBER, J. (1983): Trümmer- und Trübeströme im eozänen See von Messel. – Natur und Museum, 113: 307–312, 6 Abb.; Frankfurt a. M.

RICHTER, G. (1981): Untersuchungen zur Ernährung von *Messelobunodon schaeferi* (Mammalia, Artiodactyla). – Senckenbergiana lethaea, 61: 355–370, 12 Abb.; Frankfurt a. M.

RICHTER, G. (1985): Chitin-abbauende Mikroorganismen aus dem Ölschiefer der Grube Messel bei Darmstadt. – Natur und Museum 115 (12): 390–393; Frankfurt a. M.

RICHTER, G. & STORCH, G. (1980): Beiträge zur Ernährungsbiologie eozäner Fledermäuse aus der 'Grube Messel'. – Natur und Museum, 110 (12): 353–367, 29 Abb.; Frankfurt/M.

RIEPPEL, O. (1980): Ein Lacertilier aus dem Eozän von Messel. – Beitr. naturk. Forsch. SüdwDtl., 39: 57–69, 5 Abb.; Karlsruhe.

RIETSCHEL, S. (1970): Geschichte der Erde. – Delphin Naturbücherei; 93 S., 80 Abb.; Stuttgart und Zürich.

REVILLIOD, P. (1917): Fledermäuse aus der Braunkohle von Messel bei Darmstadt. – Abh. hess. geol. L.-A., 7: 161–201; Darmstadt.

RÖMER-BÜCHNER, B. J. (1827): Verzeichnis der Steine und Tiere welche in dem Gebiete der Freien Stadt Frankfurt und deren nächster Umgebung gefunden werden. – 88 S., 2 Abb.; Frankfurt a. M. (Sauerländer).

RUSSEL, D. E. u. SIGE, B. (1970): Revision des chiropteres lutetiens de

Messel (Hesse, Allemagne). — Palaeovertebrata, 3: 83—182; Montpellier.

SCHAARSCHMIDT, F. (1974): Paläobotanische Exkursion in die Ölschiefergrube von Messel bei Darmstadt (Eozän). — Cour. Forsch.-Inst. Senckenberg, 10: 34—41; Frankfurt a. M.

SCHAARSCHMIDT, F. (1981): Stand der paläobotanischen Untersuchungen des Messeler Ölschiefers. — Cour. Forsch.- Inst. Senckenberg, 50: 47—48; Frankfurt a. M.

SCHAARSCHMIDT, F. (1982): Präparation und Untersuchung der eozänen Pflanzenfossilien von Messel bei Darmstadt. — Cour. Forsch.-Inst. Senckenberg, 56: 59—77, 8 Abb., 2 Taf.; Frankfurt.

SCHAARSCHMIDT, F., SHEN, G. L. & WILDE, V. (1983): Blüten im eozänen Ölschiefer von Messel. — Paläont. Ges., 53. Jahresvers., Programm und Kurzfassungen der Vorträge, 62 S.; Mainz.

SCHMID, G. (1947): Goethe. Die Schriften zur Naturwissenschaft. Bd. 1. Schriften zur Geologie und Mineralogie 1770—1810. — 393 S., H. Böhlaus Verlag; Weimar.

SCHWARZBACH, M. (1961): Das Klima der Vorzeit. — 2. Aufl., 275 S., 134 Abb.; Stuttgart (Enke).

SCHWARZBACH, M. (1974): Das Klima der Vorzeit. — 3. Aufl., 380 S., 191 Abb., 41 Tab.; Stuttgart (Enke).

SIBER, H. J. (1982): Green River Fossilien. — 81 S., Siber + Siber AG; Aathal (Schweiz).

SMITH, J. D., RICHTER, G. & STORCH, G. (1979): Wie Fledermäuse sich einmal ernährt haben. Umschau, 79 (H. 15): 482—484, 8 Abb.; Frankfurt a. M.

SMITH, J. D. & STORCH, G. (1981): New Middle Eocene Bats from 'Grube Messel' near Darmstadt, W.-Germany. — Senckenbergiana biol., 61: 153—167, 4 Abb., 2 Taf; Frankfurt a. M.

SPINAR, Z. V. & BURIAN, Z. (1977): Leben in der Vorzeit. — 288 S., 5. Aufl., Dausien Verlag; Hanau.

SPRINGHORN, R. (1980): *Paroodectes feisti*, ein erster Miacide (Carnivora, Mammalia) aus dem Mittel-Eozän von Messel. — Paläont. Z., 54: 171—198, 10 Abb.; Stuttgart.

SPRINGHORN, R. (1986): Für die Rettung der Grube Messel ist nichts zu teuer. — Auch in Zukunft sind noch viele interessante Funde zu erwarten. — Wo. End-Journ. (Beil. der Ztg. Grp. Rhein-Main-Nahe), Sa./So., 18/19.01.1986; Mainz

SPRINGHORN, R. & FEIST, O. (1979): Leben vor 50 Millionen Jahren. Fossilien der Grube Messel. — 23 S., 30 Abb., Broschüre anläßl. der Sonderausstellung des Lippischen Landesmuseums Detmold vom 8. November bis 20. Januar 1979/80; Detmold (Topp & Möller) »Sammlung O. Feist, Mühltal 4«.

STORCH, G. (1978a): Ein Schuppentier aus der Grube Messel. — Zur Paläobiologie eines mitteleozänen Maniden. — Natur und Museum, 108: 301—307; Frankfurt a. M.

STORCH, G. (1978b): *Eomanis waldi*, ein Schuppentier aus dem Mittel-Eozän der Grube Messel bei Darmstadt (Mammalia: Pholidota). — Senckenbergiana lethaea, 59 (4/6): 503—529; Frankfurt.

STORCH, G. (1981): *Eurotamandua joresi*, ein Myrmecophagide aus dem Eozän der »Grube Messel« bei Darmstadt (Mammalia, Xenarthra). — Senckenbergiana lethaea, 61: 247—289, 14 Abb., 3 Taf.; Frankfurt a. M.

STORCH, G. (1984): Die alttertiäre Säugetierfauna von Messel — ein paläogeographisches Puzzle. — Naturwissenschaften, 71: 227—233, 5 Abb., 1 Tab.; Heidelberg.

STORCH, G. & LISTER, A. M. (1985): *Leptictidium nasutum*, ein Pseudorhynchocyonide aus dem Eozän der 'Grube Messel' bei Darmstadt (Mammalia, Proteutheria). — Senckenbergiana lethaea, 66 (1/2): 1—37, 43 Abb., 2 Tab. »Fossilfundstelle Messel Nr.. 42«; Ffm.

STURM, M. (1971): Die eozäne Flora von Messel bei Darmstadt. I. Lauraceae. — Palaeontographica, (8) 134: 1—60; Stuttgart.

STURM, M. (1978): Maw Content of an Eocene Horse (*Propalaeotherium*) out of the Oil Shale of Messel near Darmstadt. — Cour. Forsch.-Inst. Senckenberg, 30: 120—122; Frankfurt a. M.

TOBIEN, H. (1954): Nagerreste aus dem Mitteleozän von Messel bei Darmstadt. — Notizbl. hess. L.-Amt Bodenforsch., 82: 13—29; Wiesbaden.

TOBIEN, H. (1955): Die mitteleozäne Fossilfundstätte Messel bei Darmstadt. — Aufschluss Sonderh., 2: 87—101; Roßdorf.

TOBIEN, H. (1957): Zur Paläontologie des mitteleozänen Ölschiefervorkommens von Messel bei Darmstadt. — Z. dt. geol. Ges., 109 (2): 665—666; Hannover.

TOBIEN, H. (1962): Insectivoren (Mamm.) aus dem Mitteleozän (Lutetium) von Messel bei Darmstadt. — Notizbl. hess. L.-Amt Bodenforsch., 90: 7—41; Wiesbaden

TOBIEN, H. (1968a): Mammiferes eocenes du bassin du Mayence et de la partie orientale du fosse rhenan. Colloque sur l'Eocene, Paris, Mai 1968. — Mem. Bur. Rech. geol. et min., 58: 297—307; Paris.

TOBIEN, H. (1968b): Das biostratigraphische Alter der mitteleozänen Fossilfundstätte Messel bei Darmstadt (Hessen). — Notizbl. hess. L.-Amt Bodenforsch., 96: 111—119; Wiesbaden.

TOBIEN, H. (1969a): Die alttertiäre (mitteleozäne) Fossilfundstätte Messel bei Darmstadt (Hessen). — Nz. Naturw. Arch., 8: 149—180, 11 Abb., 1 Tab.; Mainz.

TOBIEN, H. (1969b): *Kopidodon* (Condylartha, Mammalia) aus dem Mitteleozän (Lutetium) von Messel bei Darmstadt (Hessen). — Notizbl. hess. L.-Amt Bodenforsch., 97: 7—37; Wiesbaden.

TOBIEN, H. (1980): Ein antracotherioider Paarhufer (Artiodactyla, Mammalia) aus dem Eozän von Messel bei Darmstadt (Hessen). — Geol. Jb. Hessen, 108: 11—22, 1 Abb., 2 Taf.; Wiesbaden.

TOBIEN, H. (1985): Zur Osteologie von *Masillabune* (Mammalia, Artiodactyla, Haplobunodontidae) aus dem Mitteleozän der Fossillagerstätte Messel bei Darmstadt (S—Hessen, Bundesrepublik Deutschland). — Geol. Jb. Hessen. 113: 5—58, 15 Abb., 10 Tab., 2 Taf.; Wiesbaden

TOOMBS, H. A. & RIXON, A. E. (1950): The Use of Plastics in the »Transfer Method« of Preparing Fossils. — The Museum's Journ., 50: 105—107; London.

VOIGT, E. (1934): Die Fische aus der mitteleozänen Braunkohle des Geiseltales. — Nova Acta Leopoldina, 2 (102): 1—146, 23 Abb., 13 Taf.; Halle/Saale.

VOIGT, E. (1935): Die Erhaltung von Epithelzellen mit Zellkernen, Chromatophoren und Corium in fossiler Froschhaut aus der mitteleozänen Braunkohle des Geiseltales. − Nova Acta Leopoldina, N. F., Bd. 3, Nr. 14: 340−360, 5 Taf.; Halle (Saale).

VOIGT, E (1936): Die Lackfilmmethode, ihre Bedeutung und Anwendung in der Paläontologie, Sedimentpetrographie und Bodenkunde. − Zeitschr. dt. geol. Ges., 88: 272−292; Berlin.

VOIGT, E. (1937): Weichteile an Fischen, Amphibien und Reptilien aus der eozänen Braunkohle des Geiseltales. − Nova Acta Leopoldina, N. F., Bd. 5, Nr. 27: 116−142, 5 Taf.; Halle (Saale).

WALCH, K. J. (1977): Zur »Messel-Präparation«. − Natur und Museum, 107: 346−348; Frankfurt a. M.

WEBER, J. & HOFMANN, U. (1982): Kernbohrungen in der eozänen Fossillagerstätte Grube Messel bei Darmstadt. Geol. Abh. Hessen, 83: 58 S., 3 Taf.; Wiesbaden.

WEBER, J. & ZIMMERLE, W. (1985): Pyroclastic dedritus in the lacustrine Sediments of the Messel Formation. − Senckenbergiana lethaea, 66 (1/2): 171/176, 4 Abb.; Frankfurt a. M.

WEIGELT, J. (1927): Rezente Wirbeltierleichen und ihre paläo-biologische Bedeutung. − 227 S., 37 Taf., 28 Fig.; Leipzig (Max Weg).

WEILER, W. (1963): Die Fischfauna des Tertiärs im oberrheinischen Graben, des Mainzer Beckens, des unteren Maintales und der Wetterau unter besonderer Berücksichtigung des Untermiozäns. − Abh. senckenb. naturforsch. Ges., 504: 1−75, 258 Abb., 2 Taf., 1 Kt. e; Ffm.

WEITZEL, K. (1932): *Cryptopithecus macrognathus* WITTICH ist kein Primate, sondern ein Creodontier. − Cbl. Min., Geol. u. Paläont., 1932 B: 617−618; Stuttgart.

WEITZEL, K. (1933a): *Kopidodon macrognathus* WITTICH, ein Raubtier aus dem Mitteleozän von Messel. − Notizbl. Ver. Erdk. u. hess. geol. L.-A., (5) 14: 81−88; Darmstadt.

WEITZEL, K. (1933b): *Amphiperca multiformis* n. g. n. sp. und *Thaumaturus intermedius* n. sp., Knochenfische aus dem Mitteleozän von Messel. − Notizbl. Ver. Erdk. u. hess. geol. L.-A., (5) 14: 89−97; Darmstadt.

WEITZEL, K. (1935): *Hassiacosuchus haupti* n. g. n. sp., ein durophages Krokodil aus dem Mitteleozän von Messel. − Notizbl. Ver. Erdk. u. hess. Geol. L.-A., (5) 16: 40−49; Darmstadt.

WEITZEL, K. (1938a): *Pristichampsus rollinati* (GRAY) aus dem Mitteleozän von Messel. − Notizbl. Ver. Erdk. u. hess. Geol. L.-A., (5) 19: 47−48; Darmstadt.

WEITZEL, K. (1938b): *Propelodytes wagneri* n. g. n. sp., ein Frosch aus dem Mitteleozän von Messel. − Notizbl. Ver. Erdk. u. hess. Geol. L.-A., (5) 19: 42−46; Darmstadt.

WEITZEL, K. (1949): Neue Wirbeltiere (Rodentia, Insectivora, Testudinata) aus dem Mitteleozän von Messel bei Darmstadt. − Abh. Senckenberg. naturf. Ges., 480: 1−24; Frankfurt a. M.

WESTPHAL, F. (1980): *Chelotriton robustus* n. sp., ein Salamandride aus dem Eozän der Grube Messel bei Darmstadt. − Senckenbergiana lethaea, 60 (4/6): 475−487; Frankfurt a. M.

WITTICH, E. (1898): Beiträge zur Kenntnis der Messeler Braunkohle und ihrer Fauna. − Abh. großhzgl. hess. geol. L.-A., 3 (3): 77−147, 2 Tab.; Darmstadt.

WITTICH, E. (1902): *Cryptopithecus macrognathus* n. spec., ein neuer Primate aus den Braunkohlen von Messel. − Cbl. Min., Geol., Paläont, 10: 289−294; Stuttgart.

WUTTKE, M. (1983a): »Weichteilerhaltung« durch lithifizierte Mikroorganismen bei mitteleozänen Vertebraten aus den Ölschiefern der 'Grube Messel' bei Darmstadt (Hessen, BRD). − Senckenbergiana lethaea, 64: 509−527, 9 Abb., 2 Taf.; Frankfurt a. M.

WUTTKE, M. (1983b): Aktuopaläontologische Studien über den Zerfall von Wirbeltieren. Teil I: Anura. − Senckenbergiana lethaea, 64: 529−560; Frankfurt a. M.

ZIMMERMANN, H. J. (1985): Exkursion zur Ölschiefergrube Messel. Probleme und Folgen der Naturnutzung am Beispiel der 'Grube Messel', bei Darmstadt. »NAOM/Eikamp, 'Führungen durch die Grube Messel', Kennziffer 14, S. 23.« − In: Ökologie und ihre biologischen Grundlagen. Programm über kursbegleitende Präsenzveranstaltungen an der Johann Wolfgang-Goethe-Universität Frankfurt, 1985/86. »Lit. Nr. 34/1020«, 40 S.; Frankfurt a. M.

# Register